Lamborghini Urus

Der Supersportwagen unter den SUV

Matthias Pfannmüller

Motor
buch
Verlag

LAMBORGHINI

Impressum

Herausgeber Hubelhouse GmbH, Utzigen, Schweiz
eyeC-concepts, Uli Praetor, Merishausen, Schweiz

Verlag Motorbuch Verlag, Stuttgart, Deutschland

Konzept und Text Matthias Pfannmüller, Utzigen, Schweiz
Grafische Gestaltung Uli Praetor, Merishausen, Schweiz

Fotografie Ingo Barenschee, Bruce Benedict, Christian Bittmann, Sante Crepaldi, Umberto Guizzardi, Archivo Automobili Lamborghini, Familienarchiv Tonino Lamborghini/Museo Ferruccio Lamborghini, John Lamm, Charlie Magee, Rodney Pharis, Archiv Branko Radovinovic, Tom Salt, Rainer Schlegelmilch, Wolfango Spaccarelli, Peter Vann, map, up

Alle weiteren zur Illustration dieses Buches verwendeten Aufnahmen stammen – wenn nicht anderes vermerkt ist – vom Verfasser. Eine Haftung des Autors oder des Verlages und seiner Beauftragten für Personen-, Sach- und Vermögensschäden ist ausgeschlossen.

1. Auflage 2018

Sie finden uns im Internet unter www.motorbuch-verlag.de

Druck und Bindung: Conzella Verlagsbuchbinderei
85609 Aschheim Dornach
Printed in Germany

Urus – eine Urkraft unter den Paarhufern. Im Lateinischen (wie Italienischen) steht der Ausdruck für Auerochse (Bos primigenius), welcher einst von Westeuropa bis Südostasien beheimatet war. Seit dem 17. Jahrhundert faktisch ausgestorben, gilt der mehr als eine Tonne schwere Urus als Vorfahre der heutigen Zebus und taurinen Hausrinder. Forscher attestieren ihm zudem eine physische Verwandtschaft zum deutlich kleineren spanischen Kampfstier – und eine ähnliche Angriffslust. Damit gilt der ebenso wilde wie mannshohe Urus in gewisser Weise auch als Urahn jener kraftvollen Tiere, die vielen berühmten Lamborghini-Modellreihen ihren Namen verliehen.

Zu den wissenschaftlich rekonstruierten Urus-Charakteristika gehörten eine weit ausholende, nach innen gekrümmte, bis zu einem Meter lange Behornung, die ausgeprägte Schultermuskulatur sowie das dunkle, fast schwarze Fell mit hellem Aalstrich

Ich habe nie aufgehört, an das ideale Auto zu denken. Alles was ich tun musste, war eine Fabrik zu errichten, um es bauen zu können

Ferruccio Lamborghini, 1916 - 1993

Leistung verpflichtet

Stefano Domenicali, Chairman & Chief Executive Officer of Automobili Lamborghini S.p.A.

Es gibt Momente im Leben, die etwas ganz Besonders sind. Die Vorstellung des Lamborghini Urus war ein solcher Moment – für Automobili Lamborghini, für mich sowie für alle Frauen und Männer, die gewissenhaft und mit unglaublicher Leidenschaft dafür gearbeitet haben, dass dieser erste Super-SUV der Welt Wirklichkeit werden konnte. Der Urus steht für eine Kombination aus sehr intensiver Entwicklungsarbeit und dem passionierten Fachwissen unserer Mitarbeiter: Er ist ein Auto, das alle Erwartungen übertrifft und neue Wege eröffnet – für unsere Marke und für unsere Kunden.

Die Weltpremiere des Urus im Dezember 2017 in unserem Stammwerk in Sant´Agata Bolognese war ein klares Signal dafür, dass bei Lamborghini eine neue Ära angebrochen ist. Und während der dynamischen Fahrvorstellung im April 2018 gab es erstmals die Möglichkeit, das unglaubliche Leistungsvermögen dieses Fahrzeugs auf der Rennstrecke von Vallelunga nahe Rom, auf Landstraßen und im Gelände zu erleben. Dieses Event und die anschließenden positiven Reaktionen der Teilnehmer haben bestätigt, dass unsere dritte Baureihe bahnbrechend ist.

Das Urus-Projekt war eine Herausforderung auf allen Ebenen. Eine Herausforderung, die nicht nur mit der mutigen Idee begann, dieses Auto zu realisieren, sondern vor allem auch mit der Unterstützung unseres Hauptaktionärs, der immer an unser Unternehmen und sein Potential geglaubt hat. Im Verlauf der Umsetzung haben wir die Werksfläche in Sant´Agata Bolognese von 80.000 auf 160.000 Quadratmeter verdoppelt. Wir haben die »Manifattura Lamborghini« geschaffen, in der der Urus gebaut wird. Außerdem wurden in weniger als drei Jahren 500 neue Mitarbeiter eingestellt, um dieses Auto realisieren zu können.

Unser Motto »SINCE WE MADE IT POSSIBLE« ist Ausdruck der Dimension des Erreichten der letzten paar Jahre. Als junge und aufstrebende Marke mit einer besonders jugendlichen Kundschaft schauen wir immer und vor allem konsequent in Richtung Zukunft.

Der Urus ändert den Maßstab unserer Firma: Mit diesem Modell wächst unser Angebot, ohne die Markenwerte oder Lamborghinis italienische Wurzeln zu vernachlässigen: Der Urus fügt sich perfekt in die Lamborghini-Familie ein.

AUTOMOBILI LAMBORGHINI

Werkaufbau in Sant´Agata Bolognese 1963 (links), die operative Fabrik in 1970 (Mitte) und heute (rechte Seite), nach der Erweiterung

Dank Infusion unserer DNA verkörpert der Urus einen visionären Zugang zum vielseitigsten Fahrzeugkonzept überhaupt – dem SUV. Und als Super-SUV »Made in Italy« hebt der Urus diese Gattung auf ein vorher nicht darstellbares Level. In Bezug auf Design, Fahrleistungen und Emotionen ist er ein waschechter Lamborghini – einer, den man jeden Tag mit der Familie oder mit Freunden nutzen kann. Und obwohl der Urus je nach Bedarf verschiedene Wesenszüge an den Tag legt, bleibt er durch den Stil und die Technologie von Lamborghini stets ein Charakterdarsteller. Mit ihm werden wir erfolgreich neue Kunden und Märkte erobern: Die erste Jahresproduktion war bereits kurz nach der Publikumspremiere ausverkauft.

Ich wünsche Ihnen eine ebenso interessante wie faszinierende Reise durch dieses Buch, von den Ursprüngen von Automobili Lamborghini über das Design und die Technik unserer Supersportwagen, vorbei am LM002, welcher in den 1980er-Jahren der erste SUV gewesen ist, bis in die Neuzeit, die zeigt, wie das Unternehmen durchstartet. Ich verspreche Ihnen, dass wir auch weiterhin Autos entwickeln werden, deren besonderer Charakter bei Enthusiasten auf der ganzen Welt für Leidenschaft und Begeisterung sorgen wird!

Herzlichst,
Stefano Domenicali

HISTORICAL COMPOUND
parking
logistics centre
pre-series centre/
protoshop
offices
energy hub
assembly
finishing
paintshop
test track
parking
NEW CONSTRUCTION COMPOUND

LAMBORGHINI

AUTO
AUTO
A/C
OFF
P R N D M
START
STRADA
SPORT
CORSA
SABBIA
TERRA
NEVE

Aus dem Nichts an die Spitze

In der internationalen Motorbranche ist Automobili Lamborghini bis heute eine Ausnahmeerscheinung. Ein Blick in die Vergangenheit hilft, das Phänomen zu verstehen

Als Ferruccio Lamborghini Ende Februar 1993 starb, hinterließ er zwei Kinder, einen Golfplatz, viel Geld und eine Legende. Der norditalienische Selfmade-Milliardär hatte während eines Fernseh-Interviews im heißen Studio einen Hirnschlag erlitten; er wurde 76 Jahre alt.

Unter den diversen von ihm gegründeten Firmen ragt eine weit heraus: Automobili Lamborghini. Seit 1963 geht es in Sant´Agata Bolognese um Höchstleistung, Innovation und Exklusivität – Werte, mit denen das Unternehmen auch schwierige Phasen überdauerte. Ferruccio besaß das Unternehmen nur acht Jahre lang, bevor er es 1971 an einen Schweizer verkaufte. Es war der erste von mindestens fünf Besitzerwechseln (kommt ganz darauf an, wie man zählt) und mehreren existenziellen Krisen, bevor Mitte 1998 die Audi AG übernahm. Sie führte das Haus in die Moderne und hat seither Modelle lanciert, die zu den erfolgreichsten der Markengeschichte gehören.

Doch zurück zu den Anfängen und zu Ferruccio. In der Emilia Romagna als erster Sohn einer Bauernfamilie geboren, zeigte er keine Ambitionen, einmal den väterlichen Hof zu übernehmen. Stattdessen entwickelte der Filius schnell ein Gefühl für Technik und zerlegte so ziemlich alles, was ihm in die Finger kam. Ein Besuch der Berufsschule in Cento und der technischen Fakultät in Bologna war da nur konsequent, doch Ferruccio beendete seine Ausbildung nicht. Er war ein Praktiker, der statt zu büffeln lieber in Motorrad- und Lastwagen-Garagen arbeitete. Und der abends mit seinen Kumpels durch die Kneipen von Bologna zog, wo man gemeinsam musizierte – Ferruccio spielte die Mandoline. Er liebte das Leben, war aber kein Hallodri, sondern sparsam. Als einzigen Luxus leistete sich der Motorradfan eine gebrauchte Maschine, mit der er über die Dörfer dröhnte.

Der junge Ferruccio und sein erster Traktor namens Carioca

LAMBORGHINI

Als etablierter Traktoren-Produzent investiert Ferruccio ab 1962 in sein künftiges Sportwagengeschäft. Der Prototyp GTV wird rund ein Jahr später vorgestellt

Dann kam der Krieg; Lamborghini wurde eingezogen und nach Rhodos beordert. Dort war er Fuhrparkmechaniker, blieb bis Mitte 1946 und machte sich Gedanken über seine Zukunft. Nach der Rückkehr in die Heimat frisierte er zunächst Fiat-Motoren. Und baute Anfang 1948 gemeinsam mit Partnern einen ersten Traktor, der weitgehend aus Militärschrott bestand. Die Idee schlug ein, weitere handgebaute Trecker folgten, und schon Ende 1949 wagte Ferruccio den Schritt in die serielle Produktion. Das erste vollwertige Modell war dann der 1951 eingeführte L33. Lambo-Schlepper waren vielseitig verwendbar, meist einen Tick besser als die Konkurrenz und wurden geschickt vermarktet. Der Rest ist schnell erzählt: Das Werk musste mehrfach erweitert werden; bereits Ende der 50er-Jahre zählte Ferruccio Lamborghini zu den reichsten Unternehmern in Italien.

Privat pflegte der fleißige Patron einen luxuriösen Lebensstil. Ein Strandhaus gehörte dazu, Motorboote und viele Sportwagen. Der Mythos Lamborghini besagt, Ferruccio

STORANTE
La Torre

Ziel erreicht: In Nonantola entsteigt Lamborghini dem ersten Serienmodell 350 GT nach einer Vergleichsfahrt mit Fremdfabrikaten

sei unzufrieden mit einem seiner Ferrari gewesen, habe sich bei Enzo Ferrari beschwert, sei von dem übel beschimpft worden und habe daraufhin sein eigenes Sportwagenlabel gegründet – quasi aus Rache. Die Geschichte stimmt so nicht, wurde aber derart oft wiederholt (auch vom cleveren Ferruccio selbst, der seine anfänglich unbekannte Marke damit auf eine Stufe mit der damals besten hob), dass man sie wohl nie wieder loswerden wird. Warum auch? Tatsächlich prägte das Vollgas-Duell Lamborghini-Ferrari die folgenden Dekaden: Es ging dabei um Zehntelsekunden und zwei Weltanschauungen. Auf der einen Seite der rennsportgeprägte Cavallino Rampante, edel im Geblüt und von der besseren Gesellschaft entsprechend goutiert, auf der anderen ein neureicher Emporkömmling, der sich laut in Szene setzte – aber es wirklich schaffte, schnellere Autos zu bauen als Ferrari. Und was für Autos!

Der 1963 präsentierte Prototyp 350 GTV gehört stilistisch noch in die Kategorie »nice try«. Die ersten Serienmodelle 350 GT und 400 GT waren konservativer gestaltet, aber auch sehr elitär, denn Lamborghini implantierte ihnen von Anfang an zwölf Zylinder. Was dann kam, versetzte die Sportwagenwelt in Atemnot. Mit dem 1966 lancierten und von Bertone-Chefdesigner Marcello Gandini hinreißend gezeichneten Miura oder dem 1971 präsentierten Donnerkeil Countach (ebenfalls Gandini) stahl Automobili Lamborghini allen die Show, auch den Roten aus Maranello. Fragt man Kenner nach den extravagantesten, radikalsten, rasantesten Sportwagen aller Zeiten, wird meistens der Stier aus Sant´Agata genannt.

Derweil hat sich die V_{max}-Branche verändert: Heute geht es nicht mehr nur um Beschleunigungsvermögen, sondern auch um Nachhaltigkeit. Die entscheidenden Weichenstellungen verantwortete Stephan Winkelmann, der zwischen 2005 und 2016 Lamborghini-Präsident war. Er baute – eine Grundvoraussetzung für Expansion – das weltweite Händlernetz aus, investierte in eine der größten Photovoltaik-Anlagen Italiens, widmete sich verstärkt dem Thema Leichtbau und brachte neben dem Aventador auch den Urus als dritte Baureihe auf den Weg. Unter Winkelmanns Nachfolger, dem ehemaligen Scuderia-Ferrari-Chef Stefano Domenicali, fand schließlich der ehrgeizige Ausbau des Stammwerks statt; parallel wurde der Urus zur Serienreife entwickelt.

Mit dieser Strategie ist Automobili Lamborghini heute besser aufgestellt denn je, hat sich aber auch sehr verändert. Offiziell wird erwartet, dass der Super-SUV das Produktionsvolumen von zuletzt 3700 Einheiten (2017) mindestens verdoppelt; Branchenkenner gehen gar von einer Verdreifachung aus. Der Exklusivität kann das nichts anhaben: Geschwindigkeit ist und bleibt ein Kernwert der Firma, die sich heute mehr denn je im Motorsport engagiert. Der Urus erweitert nur das Angebot um eine interessante Alternative, die dem rasenden Stier aus Sant´Agata ganz neue Kundenkreise erschließen wird.

Rockstars unter sich: der französische Sänger Johnny Hallyday und sein Miura auf der Avenue des Champs-Élysées.
Rechts ein Rudel Countach auf dem Weg zum einem Clubtreffen – die V12-Flunder zählt bis heute zu den berühmtesten Supersportwagen der Welt

Beste Bodenhaftung dank 4x4: Seit 2011 markiert der Aventador bei Lamborghini den Status quo – aktuell mit 740 PS

Ein Essay von Wolfgang Peters

Viel mehr als Offroad

Der Urus ist nicht nur eine dritte Baureihe: Styling, Ausstattung, Technik und Leistung – alles an diesem SUV ist super!

Bevor dieser Wagen seine Gestalt, seine Dimensionen und seine Wucht der Formen annehmen sowie die Kraft seines Charakters ausbilden konnte, musste er im Geist von Lamborghini geboren werden. Das war keine einfache Geburt. Denn die Herausforderung dabei war nicht die Technik, sie war zu entwickeln und zu beherrschen. Das Problem für die Geburt eines Autos wie dem Urus lag tiefer. Es war Lamborghini selbst.

Der Urus entstand zuerst in den Visionen der Manager, dann in den Köpfen der Techniker und schließlich folgten die Herzen der gut informierten und bereits an ihren Bettelbriefen für die Zuteilung eines Urus schreibenden Kunden. Sie alle mussten sich gedulden. Für den Urus gab es kein Vorbild und auch keinen wirklichen, neuzeitlichen Vorgänger. Dennoch war der Urus präsent, er lebte als Chance, in einer Form des Auftritts und der Technologie, die weder als Skizze noch als Computerprogramm existierten und doch immer im Raum der Überlegungen stand. Der Urus war unsichtbar, aber anwesend, er bildete sich vielleicht als geistiges Luftgebilde während einer langweiligen Managementklausur in einer Design-Strichzeichnung heraus, dann in den Momenten eines italienischen Sommers mit Gewitternächten als eine am nächsten Morgen zu diskutierende Erscheinung, später als die immer realer werdende Vision einer konsequenten Entscheidung heraus, von der über etliche Phasen des Prozesses hinweg, keiner wusste, ob daraus nicht nur ein Auto, sondern überhaupt ein Lamborghini werden konnte. Aber es müssen immer mehr Menschen daran geglaubt haben, denn der Urus ist der Sieg einer Idee über die Grenzen der Technik, hinweg über die Vorgaben dieser Technik, getragen von Maßstäben und Werten einer konsequenten Nachdenklichkeit aus dem inneren Kern von Lamborghini: Mit dem Urus werden die Inhalte der Hyper-Sportwagen der Marke in eine neue automobile Dimension geführt. Um den Urus und die Sen-

sation seiner Existenz zu begreifen, muss man sich ein wenig mit Lamborghini und seinem Inhalt beschäftigen. Dann wird alles einfacher.

Bisher galt Lamborghini als eine ursprünglich sehr persönliche Unternehmung zum Bau von Sportwagen, die permanent im Grenzbereich unterwegs waren. Mitunter auch auf den Straßen der Welt, aber immer grenzwertig in der Einschätzung von Freunden und Feinden. Es waren immer Sportwagen ohne Rücksicht auf jene Limitierungen, die im Rahmen gesellschaftlicher Normen als verbindlich galten: Jederzeit zu schnell, zu scharf auf der Kante zwischen Zauber und Zerstörung, mit Leistungen jenseits bürgerlicher Begreifbarkeiten, Spektakel auf Rädern, die mit Höllenlärm aus hoch gezüchteten Motoren den Frauen die Köpfe verdrehten und in jungen Männern Wünsche weckten, die nichts mit der Gründung von Familien zu tun hatten. Ältere Männer wollten sich dann nur noch von ihren Familien verabschieden.

Fast erscheint der Urus wie ein Familienauto. Er bietet mehr Raum für alles, als jeder andere Lamborghini. Das könnte aber ein Täuschungsmanöver sein. Denn die Passagiere an Bord eines Urus leben zwar in großem Freiraum, aber mit hoher Präzision zugeschnitten ist das gesamte Auto auf einen bestimmten Posten: Der Fahrer findet sich im Fokus. So wie das üblich ist in einem Lamborghini.

Mit hoher Konsequenz verfolgt der Urus das innere Wesen der Sportwagen, deren Bestimmung immer auf den Fahrer zielt, denn jeder Lamborghini-Enthusiast erwirbt sein Exemplar nur für sich. Als Objekt für einen sehr schnellen Egoismus. Diese Rücksichtslosigkeit gegenüber allen und allem, das Brechen von Design- und Leistungs-Tabus, diese Anerkennung des Kompromisses nur in allerhöchster Not und die fortwährende Erneuerung des Versprechens an die Kunden zur Erfüllung ihrer Sehnsucht nach dem ultimativen Auto-Kick, das sind die innersten Werte von Lamborghini. Sie gelten in einer neuen Dimension auch für den Urus, denn dieser hat eine Ahnenreihe, die ihn prägte. Daraus bildeten sich ein Charakter und ein automobiles Wesen, das Wünsche erfüllte und Ansprüche wachsen ließ. Ansprüche vor allem bei den Kunden, die mit ihrem Lamborghini bisher so ultimativ unterwegs waren, wie sie es jetzt vom Urus erwarten: Deshalb mussten die Grundbedingungen für den Urus die Eigenschaften eines deutlich anderen Fahrzeugs erfüllen, als es alle anderen in dieser Klasse tun. Folgerichtig kann der Lamborghini Urus in Design, Technik und einem dichten Hauch von Luxus nur die extremsten Positionen beziehen. Urus ist nicht jedermanns Freund. In seinem Wesen weitgehend kompromisslos, wenn man die Notwendigkeit für eine größere Gestalt, dem angepassten Innenraumkonzept und die gezähmte Brutalität des Antriebs geneigt ist zu akzeptieren. Seine Präsenz auf der Straße ist nicht der Auftritt eines Sportwagens, sondern der eines Fahrzeugs, das sich in keine bekannte Kategorie fügt.

Das alles zeigt klar die eigentliche Schwierigkeit beim Entstehen des Super-SUV Urus: Nämlich die unverzichtbaren Eigenschaften eines Lamborghini zu übertragen auf eine andere, neue Gattung von Fahrzeug. Hilfreich war dann wohl die Erkenntnis: Erst die eindeutige Konzentration auf einen extremen Charakter und die Übernahme der Lamborghini-Eigenschaften ließen dieses unverwechselbare Auto entstehen. Der Urus kann die neue Gestalt nicht verleugnen, aber wird auch den Inhalt von Lamborghini nicht verlieren. Er ist nicht nur von Lamborghini – der Urus ist Lamborghini für eine neue, weitere Zeit. Er sorgt für ein schnelles, großes Leben, er ist die Essenz der Marke im neuen Format, und jeder darf als Unikat gelten für den, der mit ihm umgehen kann.

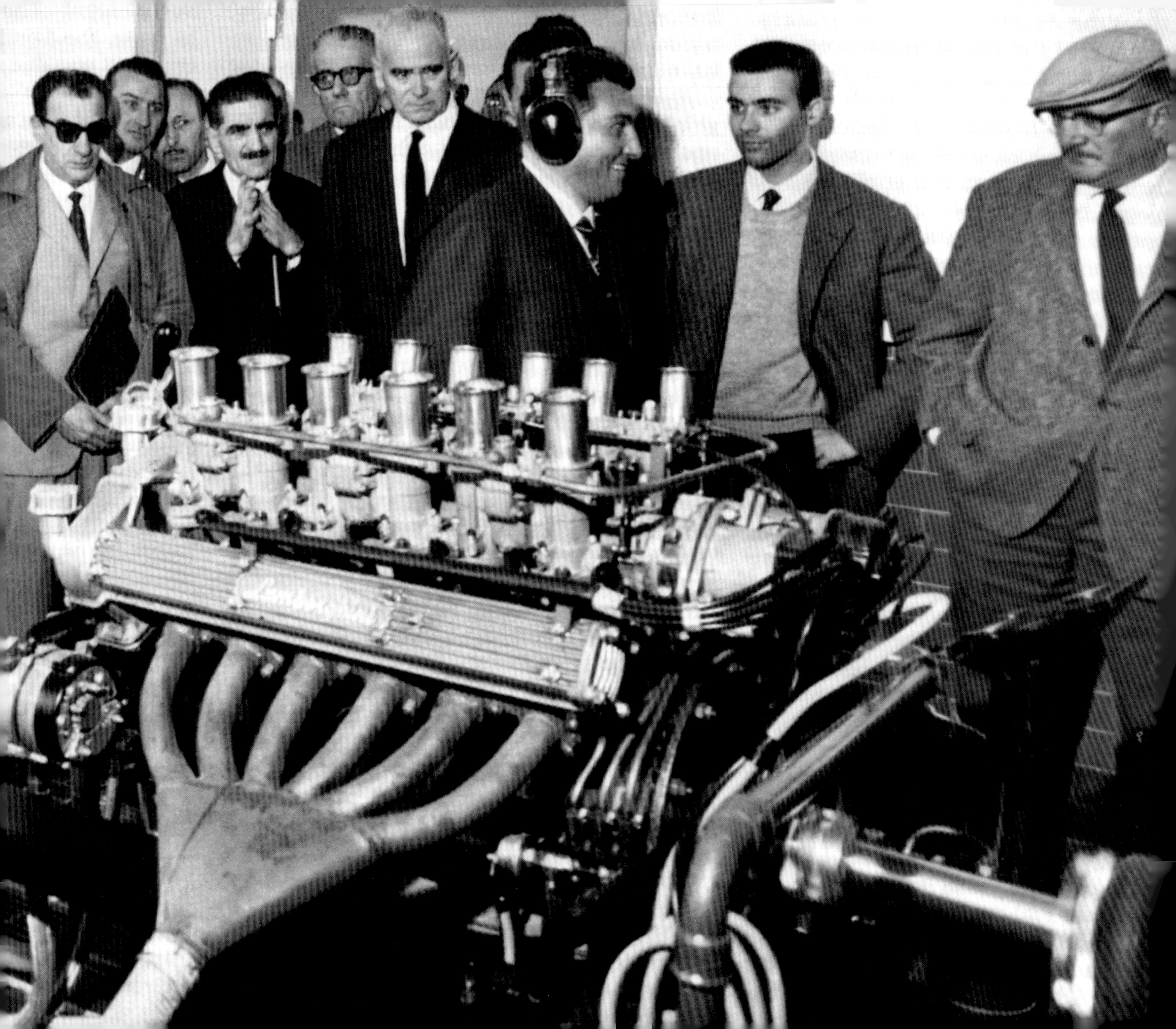

Ende Oktober 1963: Ein sichtlich stolzer Ferruccio Lamborghini demonstriert den neuen V12 vor geladenen Gästen

12-6-8-10-8

Logik der Zylinder: ein kleiner Rundgang durch Lamborghinis Triebwerk-Nomenklatur

1963–2018: Das volle Dutzend Zwölf oder mehr Zylinder gelten bis heute als Krone der automobilen Schöpfung. Da Ferruccio Lamborghini kein Mann der halben Sachen war und von Anfang an ganz oben einsteigen wollte, lag auf der Hand, dass ein Sportwagen, der seinen Namen trug, auch maximal motorisiert sein sollte.

Tatsächlich ist Anfang 1963 in einer frühen Pressemitteilung der noch in Gründung befindlichen Marke sowohl von Acht- als auch Zwölfendern die Rede; aus mehreren Gründen konzentrierte man sich jedoch wenig später auf das volle Dutzend. Diese Nachricht kam einer Sensation gleich, denn so ein herrliches Triebwerk gibt es damals exklusiv nur bei Ferrari: Jaguar würde 1971, BMW 1986 und Mercedes erst 1991 folgen.

Es zeugt von Weitsicht, dass man bei Lamborghini auch weiterhin an eine Motorenfamilie gedacht hat. Der euphorische Ferruccio stellte für 1964 gar einen V6 in Aussicht, da der sich leicht ableiten lasse – Anfang 1967 sollte es dann tatsächlich einen Sechszylinder geben (siehe Seite 42). Zuerst wollte jedoch ein V12 konstruiert werden, und dem strategisch denkenden Unternehmer war völlig klar, dass er seine ehrgeizigen Pläne nur mit fähigen Fachkräften verwirklichen konnte. Bereits im Sommer 1962 gab er bei Giotto Bizzarrini ein entsprechendes, mindestens 350 PS starkes Triebwerk in Auftrag. Der 36-jährige Konstrukteur hatte zu diesem Zeitpunkt bereits eine Bilderbuch-Karriere hinter sich und sollte nun das beste Aggregat konstruieren, das es in dieser Klasse gab!

Im Frühjahr 1963 gab das in Lamborghinis Traktorenfabrik Cento montierte und über vier obenliegende Nockenwellen verfügende Triebwerk seine ersten Lebenszeichen von sich. Bizzarrini war mit vor Ort, doch es kam zu Spannungen: Sein Auftraggeber bemängelte die hohen Drehzahlen

Der erste Serien-V12 mit 3,5 bzw. 4 Liter Hubraum kommt in klassischer GT-Anordnung bis 1978 zum Einsatz. Parallel sitzt er in stark modifizierter Form (rechte Seite) zwischen 1966 und 1972 beim Supersportwagen Miura quer eingebaut hinter der Kabine

bis 9000/min – er habe schließlich einen kultivierten GT-Motor bestellt und kein Renntriebwerk! Für Bizzarrini war die Zusammenarbeit damit beendet, doch er sah das ganz nüchtern, wie er Jahrzehnte später rekapitulierte. Und war rückblickend immer noch sehr stolz auf den einzigen Serienmotor, den er je entwarf. 360 SAE-PS bei 8000/min bedeuteten auch, dass die Literleistung über 100 PS betrug, während das maximale Drehmoment der 280 kg schweren Aluminium-Maschine mit knapp 380 Nm angegeben wurde. »Kunstvolle Motorenarchitektur«, attestierten führende Fachpublikationen, und das völlig zu Recht – der einzige andere V12-Anbieter der Welt fuhr schließlich noch mit zwei Nockenwellen weniger herum. Für die Roten in Maranello kam das einem Weckruf gleich: Eben noch einzigartig, sahen sie auf einen Schlag antiquiert aus.

Während der Weltpremiere des Prototypen 350 GTV, die Ende Oktober 1963 im erst halbfertigen Werk zu Sant´Agata Bolognese stattfand, ließ Ferruccio seinen V12 auf einem Prüfstand vor geladenen Gästen und der Presse demonstrativ laufen, was einen rechten Eindruck machte. Wie fortschrittlich der prachtvolle Lamborghini-Saugmotor seinerzeit war, belegt auch die Tatsache, dass man ihn nicht nur über drei Jahrzehnte bauen, sondern sein konstruktives Grundlayout sogar bis ins 21. Jahrhundert beibehalten sollte: Auch der V12 im aktuellen Topmodell Aventador entspricht in seinen Grundzügen noch dem Bizzarrini-Entwurf.

Vor der ersten Serienproduktion 1964 musste Giampaolo Dallara den für Lamborghinis Geschmack überzüchteten Motor jedoch ein wenig domestizieren: Der junge Luftfahrt-Ingenieur war ein Jahr zuvor von Maserati gekommen und nun Technischer Direktor; er reduzierte die Maximaldrehzahl auf 6500 Touren, woraus sich immer noch souveräne 280 PS ergaben. Die Trockensumpfschmierung wich

LU12
5408

1966 lässt Ferruccio zwei Vierliter-Zwölfzylinder in seine Motoryacht implantieren. Diese Riva Aquarama liefert damit eine stilvolle Blaupause für die aufkommenden Powerboats, während Automobili Lamborghini rund drei Jahrzehnte später selbst in den elitären Offshore-Sport eintreten wird. Schon in den 1980ern setzen Privatiers auf den Lambo-V12; rechts im Bild das von Don Shead konstruierte Boot des Italieniers Renato della Valle 1984 während eines Rennens vor der südenglischen Küste

MARY MARTIN
LEATHER SPORT WEAR
558
CUV
Lamborghini
EBERHARD & Co
canale 5

Evolution des Zwölfenders: Nach dem Miura treibt das ständig weiterentwickelte Aggregat auch Countach (oben links), Diablo (unten links) und Murciélago (oben rechts) an. Aktuell weist die Maschine 6,5 Liter Hubraum auf und kommt im Topmodell Aventador (unten rechts) zum Einsatz

einem Umlaufsystem, während die Vergaserbatterien nicht mehr aufrecht standen, sondern horizontal angeordnet wurden, um sie unter der nun flacheren Motorhaube des ersten Serien-Lambo unterbringen zu können – dem 251 km/h schnellen 350 GT.

Im Nachfolger 400 GT wuchs mit dem Hubraum auch die Leistung auf 320 PS, beim Islero waren es dann bis zu 350 PS, und im ab 1970 verkauften Jarama erstarkte der Zwölfzylinder auf zuletzt 365 Pferdestärken, was bereits 265 Stundenkilometer ermöglichte. Natürlich kam der prestige-trächtige Lambo-Motor auch im 1966 vorgestellten Miura zum Einsatz, wenn auch quer zwischen Kabine und Hinterachse sowie in stark modifizierter Form: Um das Aggregat möglichst kompakt zu gestalten, wurden Getriebe und Differential in den Motorblock integriert, mit dem sie sich auch den Ölkreislauf teilten. Insofern muss beinahe von einem neuen V12 gesprochen werden, der im Miura SV ab 1971 starke 385 PS abgab – genug für einen Top Speed von 290 km/h. Parallel ist zudem der 1968 eingeführte viersitzige Espada von einem V12 (jenem aus dem 400 GT) befeuert worden.

Bei automobilen Anwendungen sollte es für diese Antriebsquelle derweil nicht bleiben. Bereits 1966 hatte sich Ferruccio zwei der potenten Vierliter-Maschinen in seine private Riva Aquarama einbauen lassen – freilich ohne zu ahnen, dass aus dieser Motoryacht-Idee später einmal ein ernsthaftes Business erwachsen würde – die Lamborghini Motori Marini: Zwischen 1994 und 2007 sollten von Lambo-V12-Motoren angetriebene Offshore-Rennboote die »Class 1 World Powerboat Championship« dominieren und mit ihren bis zu 8,2 Liter großen und laut Reglement auf 860 PS limitierten Monstermotoren zehn Welt- und sieben Europameistertitel gewinnen (ohne Luftmengenbegrenzer leistete das Marine-Aggregat bis zu 1050 PS).

Unterdessen setzte der V12 seine Sportler-Karriere fort. Im 1971 als Studie lancierten und ab 1974 gebauten Countach war er erstmals längs vor der Hinterachse angeordnet. Aus zunächst vier Liter Hubraum und 375 PS erwuchsen in den folgenden 16 Jahren ganze 5,2 Liter und 455 PS. Auch der zwischen 1986 und 1992 gebaute Offroader LM wies das (hier wieder vorne verbaute) 5,2-Liter-Serientriebwerk mit zuletzt 490 PS auf. Die Evolution des Lamborghini-V12 fand in den Supersportlern Diablo und Murciélago ihre Fortsetzung, wobei Hubraum und Leistung kontinuierlich stiegen. Die jüngste Ausbaustufe kommt aktuell im 2011 präsentierten Aventador zum Einsatz und schöpft aus 6,5 Liter Hubraum maximal 750 PS. Insgesamt sind in Sant´Agata von 1964 bis heute rund 20 000 Zwölfzylinder produziert worden.

Zwischen 1989 und 1993 hat es zudem weitere Lamborghini-V12 gegeben – in der Formel 1. Diese Saug-Aggregate mit 3,5 Liter Hubraum sowie 640- bis 728 PS waren jedoch eigenständige Entwicklungen nach FIA-Reglement und hatten mit den Sportwagen-Motoren lediglich die Zylinderzahl gemein. Konstrukteur des Renntriebwerks war kein Geringerer als der ehemalige Ferrari-Ingenieur Mauro Forghieri.

Zwischen 1989 und 1993 geht Automobili Lamborghini in der Formel 1 an den Start.
Der 3,5-L-V12-Sauger ist eine Konstruktion von Mauro Forghieri im Auftrag des damaligen Markeneigners Chrysler

Am Hafen entlang: Eric Comas im Ligier-Lamborghini JS35 beim 1991er-GP von Monte Carlo

Der 1967 vorgestellte Marzal gehört zu den spektakulärsten Lamborghini-Konzepten und nahm den Espada vorweg. Angetrieben wird die Studie von einem längs filetierten V12

1967: Ein Reihensechser zum Cruisen Schon früh dachte man auch in Sant´Agata über eine zweite Baureihe mit mehr Platz und Komfort nach – Firmengründer Ferruccio schwebte nicht weniger vor als ein »italienischer Rolls-Royce«. Im Frühjahr 1967 stahl dann die bei Giovanni Bertone gezeichnete Konzeptstudie Marzal mit ihrem Science-Fiction-Design auf dem Genfer Automobilsalon allen anderen die Show: Der spektakulär verglaste Flügeltürer war fahrbereit und wies einen Motor auf, der platzsparend im Heck untergebracht war. Aus Gewichtsgründen hatte sich Giampaolo Dallara entschieden, einen Miura-V12 zu halbieren: So entstand ein Reihensechszylinder mit zwei Liter Hubraum, drei Vergasern und 175 PS – genug Leistung, um theoretisch auf knappe 200 km/h zu beschleunigen.

Bilder von Fürst Rainier III. und seiner Gemahlin Gracia Patricia, die zusammen im Marzal auf der Eröffnungsrunde zum 1967er Formel-1-Grand Prix von Monaco Anfang Mai durch den Stadtstaat brausten, gingen um die Welt. Ferruccio Lamborghini war live dabei – und hochnervös: »Das Auto war noch keinen Kilometer gefahren. Es wurde ja erst am Samstagabend fertig und mit dem Lastwagen nach Monte Carlo gebracht. Ich stand auf dem Balkon und sah zu, wie der Fürst und seine Gattin losfuhren. Ich sage Ihnen, mir lief der Angstschweiß nur so hinunter, denn stellen Sie sich mal vor, der Marzal wäre stehen geblieben: Die ganze Welt hätte das gesehen – was für eine Blamage!« Die Sorge war unbegründet; stattdessen wurde schnell entschieden eine Serienversion zu bauen. Die Heckmotor-Konfiguration ließen Dallara und sein Assistent Stanzani aus finanziellen Erwägungen fallen und kehrten stattdessen zum existenten GT-Chassis mit V12-Frontmotor zurück – nicht zuletzt, weil der kommende Wagen einen anständigen Kofferraum bieten sollte. Auch die Flügeltüren mussten aus Sicherheitsgründen einer konventionellen Lösung weichen.

Das Ergebnis hieß Espada und kam 1978; der Reihensechszylinder blieb folglich ein Einzelstück. Im Zuge einer kürzlich abgeschlossenen exzessiven Marzal-Restaurierung wurde auch dessen Motor komplett überholt. Der überzeugt jetzt wieder mit Drehfreude und Spritzigkeit – und wäre wahrlich ein würdiger Lambo-Antrieb gewesen.

1970–1988: Acht Zylinder als goldene Mitte Ende der 1960er-Jahre erfreuten sich die Boliden aus Sant´Agata bereits bester Bekanntheit. Und mit steigendem Bestelleingang wuchs in Sant´Agata die Erkenntnis, möglichst bald ein sportives Einstiegsmodell anbieten zu müssen.

Paolo Stanzani, seit dem Abgang von Giampaolo Dallara im September 1968 der technische Direktor, entwickelte daraufhin ein entsprechendes Auto. Das stand im Oktober 1970 auf dem Turiner Salon und sein Antriebskonzept mit quer eingebautem Heckmittelmotor ähnelte dem des Miura, allerdings bot der künftige Basis-Lambo vier Sitzplätze. Für den gebührenden Abstand zu potentiellen Rivalen sorgte vor allem ein komplett neuer 2,5-Liter-V8-Motor im 90°-Winkel, der ebenfalls komplett von Stanzani entworfen worden war und nichts mit den hauseigenen Zwölfzylinderaggregaten zu tun hatte. Das nur 170 Kilo schwere Aluminiumtriebwerk (Werkscode L240) wies je eine obenliegende Nockenwelle auf, für die Gemischaufbereitung waren vier Weber-Fallstromdoppelvergaser zuständig: »Mit einer DIN-Leistung von nicht weniger als 220 PS reiht er sich über Coupés wie Dino (Ferrari), Fiat Dino, Citroën SM, BMW 2800 CS und Porsche 911 S ein«, kommentiere die Schweizer Automobil Revue damals die Überholspur-Hierarchie. Eindruck machte bei Experten auch, dass die Literleistung von 89 PS exakt jener des Ur-Miura entsprach. Selbst Fiat-Präsident Gianni Agnelli, zu diesem Zeitpunkt bereits Ferrari-Großaktionär, konnte es sich während der Messe nicht verkneifen, das Triebwerk neugierig in Augenschein zu nehmen.

Linke Seite: Unter den Augen eines zufriedenen Paolo Stanzani (Mitte) gibt der Achtzylinder 1970 erste Lebenszeichen von sich. Zwei Jahre später befeuert er das neue Einstiegsmodell Urraco (rechts) – zunächst mit 2,5 Liter Hubraum

Erstarkt auf drei und später sogar 3,5 Liter Hubraum, bringt der V8 die Modelle Silhouette (ab 1976; oben links) und Jalpa (ab 1982) auf Touren. Rechte Seite: frisch gegossene V8-Blöcke vor der Weiterbearbeitung in Sant´Agata

Zum Einsatz kam das Aggregat in einem Modell, das bereits im Sommer 1970 von Bertone entworfen worden war und entsprechend Motoranordnung und Hubraum intern P250 genannt wurde. Sportwagenfans fanden Gefallen an ihm und im Werk gingen zahlreiche Bestellungen ein. Wie wichtig der 240 km/h schnelle 250er für Lamborghini gewesen ist, zeigt auch der Beschluss, eine weitere Produktionshalle zu bauen. Bis zur Serienfertigung sollten zwei Jahre vergehen; die ersten Exemplare wurden 1972 ausgeliefert. In der Zwischenzeit hatte man das Modell Urraco P250 getauft, und wieder stand bei der Namensgebung ein Kampfstier Pate.

1975 schob Lamborghini eine Zweiliter-Variante nach, die als Sparmodell für den italienischen Markt gedacht war, um die dortige Mehrwertsteuer für Fahrzeuge mit über zwei Liter Hubraum zu umgehen. Dieser L200 leistete noch 182 PS und 178 Nm, beschleunigte den Urraco auf immerhin 215 km/h, blieb mit rund 70 Einheiten aber mäßig erfolgreich. Viel besser lief es für den L302, eine auf drei Liter aufgebohrte V8-Variante, die bereits ab 1974 verfügbar war, bis zu 265 PS mobilisierte und bis 1979 im Programm blieb – sowohl im Urraco als auch in dessen optisch überarbeiteter Targa-Version Silhouette.

1982 kam es im Silhouette-Nachfolger Jalpa zu einer V8-Renaissance – freilich mit noch mehr Hubraum und Elastizität: Der auf über 300 Nm erstarkte 3,5-Liter wurde intern L353 genannt und verkaufte sich bis 1988 über 400 Mal, bevor Lamborghini vorübergehend zur V12-Monokultur zurückkehrte. Bis zum nächsten in Serie produzierten Achtzylinder aus Sant´Agata sollten ganze 40 Jahre vergehen.

1986–2018: Zehn gewinnt Mitte der 1980er-Jahre, als es in Sant´Agata nach schwierigen Zeiten wieder aufwärts ging, neigte sich der Modellzyklus des Jalpa seinem Ende zu. Ergo dachte man bei Lamborghini, inzwischen unter der technischen Leitung des legendären Konstrukteurs Giulio Alfieri, über das nächste Volumenmodell nach. Unter dem Projektcode 140 entstand ein völlig neues Auto mit Hardtop und konventionell vorne angeschlagenen Türen.

Kernstück der Entwicklung bildete derweil ein Vierliter-Zehnzylindermotor, den der ehemalige Maserati-, Ferrari- und DeTomaso-Techniker Vincenzo Bellentani konstruiert hatte: 1986 war dieser erste V10 Italiens nach nur sieben Monaten Entwicklung startklar – und markierte mit 40 Ventilen und Benzineinspritzung eine neue Klasse oberhalb diverser Achtzylinder-Konkurrenten. Bis zu 2000 Motoren, so der damalige Plan, sollten jährlich gebaut werden.

Doch es gab technische Schwierigkeiten. Das Triebwerk entwickelte zwar stramme 320 PS, wog samt Getriebe und Differenzial aber mehr als ein Countach-V12. Zudem bedingte die relativ vertikale Bauweise einen ungünstigen Schwerpunkt; auch der Kühlhaushalt erwies sich als problematisch. Kurz: Das Package wollte nicht so recht passen, und der P140 blieb monatelang im Erprobungsstadium stecken. Ende April 1987 wurde Lamborghini von der Chrysler Corporation gekauft, und wenig später zog sich Alfieri altersbedingt ins Privatleben zurück. Neuer Generaldirektor wurde sein bisheriger Assistent Gianfranco Venturelli, den Posten des Technischen Direktors übernahm Luigi Marmiroli – allesamt einschneidende Ereignisse, welche die laufenden Projekte nicht gerade beschleunigten, bevor der P140 schließlich auf Eis gelegt wurde.

Im Sommer 1989, als Chryslers Finanzabteilung im fernen Nordamerika die italienische Tochter an ihr definiertes aber noch nicht erreichtes Absatzziel erinnerte, erlangte das Lambo-Einstiegsmodell neue Aktualität, und man beschloss, den Wagen endlich zu bauen. Doch Chrysler-interne Verwerfungen sowie das defizitäre F1-Engagement mündeten Anfang 1994 stattdessen im erneuten Markenverkauf an das indonesische Investment-Unternehmen Megatech, wo man ganz neue, andersartige Pläne für Lamborghini hatte.

Im Herbst des gleichen Jahres wurde das langjährige Thema wieder aufgegriffen – allerdings nicht von Lamborghini, sondern bei Italdesign. Die Styling-Studios von Giorgetto Giugiaro hatte zwei P140-Chassis bestellt, um sie neu einzukleiden. Das Ergebnis war im März 1995 auf dem Italdesign-Stand in Genf zu bewundern und hieß Calà: 4,39 Meter lang und 1300 Kilogramm schwer, mit kurzen Überhängen, herausnehmbarem Hardtop und feststehendem Spoiler, buhlte der Baby-Lambo um Sympathien – und machte erneut klar, dass Lamborghini dringend ein Einstiegsmodell benötigte, wie es beispielsweise auch Ferrari oder Porsche im Portfolio führten. Mittels Kompressor wurden dem V10 anschließend sogar 450 PS entlockt, was aber nichts an seiner ungünstigen Einbauposition änderte. Deshalb blieb auch der Calà ein Unikat.

Erst 1998, als die Volkswagen-Tochter Audi neuer Lambo-Besitzer wurde, nahm die Idee einer kleinen zweiten Baureihe wieder Fahrt auf. Allerdings fingen die Deutschen praktisch bei null an und änderten auch den Projektcode: Unter dem Kürzel LB714 entstand nun ein Auto, welches das Unternehmen nachhaltig verändern sollte. Unter der technischen Leitung von Audi Konzept-Ingenieur Dirk Isgen wurde – Novum für Lambo – ein Space-Frame-Chassis favorisiert und dazu ein Zehnzylinder, der auf einem Audi V8-Aggregat basierte. »Als ich das den italienischen Entwicklern mitteilte, haben die erst mal geguckt«, lächelt

Audi-Derivat mit zwei zusätzlichen Zylindern: Der Gallardo-V10 ist das bis heute erfolgreichste Lamborghini-Triebwerk

der damalige Audi- und Lamborghini-CEO Franz-Josef Paefgen im Rückblick. »Sonst kriegen wir kein neues Auto, habe ich denen gesagt – das können wir uns nicht leisten!«

Beim Triebwerk des neuen Lamborghini-Modells handelte es sich im Kern um den kommenden Hochleistungs-V8 des Audi S4 (Baumuster B6), der wiederum auf den bisherigen S8-Fünfventiler (D2) zurückging, jetzt aber eine Vierventil-Architektur aufwies und für den LB714 um zwei Zylinder aufgestockt wurde. Das erklärt auch den Bankwinkel von 90 Grad (statt der klassischen 72 Grad), was eine flachere Bauweise, damit mehr Rücksicht und – in Verbindung mit Trockensumpfschmierung – den gewünscht niedrigen Schwerpunkt ermöglichte. Trotz Organspende handelte es sich also um ein eigenständiges Triebwerk (der Code lautete 07L100015AQ) und man hatte bei Lamborghini seine Hausaufgaben gemacht: Massimo Ceccarani, als Nachfolger von Luigi Marmiroli seit Herbst 1996 Technischer Direktor, überwachte die Transformation. »Er verstand immer, worauf es ankam«, erläutert Paefgen, »er hat die Umsetzung betreut und er bildete eine permanente Brücke zwischen Ingolstadt und Sant´Agata; auch die Zylin-

Zehnkämpfer unter sich:
Gallardo (2003-2013) und Huracán (seit 2014)

derköpfe und das Motormanagement wurden unter seiner Leitung bei Lamborghini entwickelt.« Bei der endgültigen Konzeption half auch Audis damaliger Motorenchef Helmut Endres; das Aggregat wies fünf Liter Hubraum auf und gab auf dem Prüfstand knapp 500 PS, also 100 PS pro Liter ab – ein stolzer Wert für einen Saugmotor. Jeder Zylinder verfügte also über ein Fassungsvermögen von 500 Millilitern, was viel Elastizität garantierte – bei 1500 Touren lagen bereits satte 400 Nm an. Pro Zylinderbank gab es zwei obenliegende Nockenwellen mit Kettenantrieb; die Ventile wurden variabel gesteuert, der Ansaugtrakt auch. Die Zapfen der sechsfach gelagerten Kurbelwelle waren um 18 Grad verschränkt, um die Zündintervalle zu optimieren. Kurz: Hier entstand ein Sportmotor der Extraklasse, für den nur feinste Zutaten gut genug waren: Die Zylinderköpfe kamen von Cosworth und das Kurbelgehäuse von Mahle; letzteres wurde im ungarischen Audi-Werk Györ vorbearbeitet. Das von Lamborghini entwickelte Getriebe entstand bei Graziano Trasmissioni in Turin und ein wahlweise erhältliches, eGear genanntes, robotisiertes Sechsganggetriebe – wie schon die F1-Schaltung für Ferrari – bei Magneti Marelli.

Ende 2002 nannte Lamborghini erstmals konkrete Details zum komplett neuen Zehnzylindermotor, welcher viele überraschte, die mit einem Achtzylinder à la Ferrari gerechnet hatten. Auch der Name von Projektcode LB714 wurde publik gemacht: Das neue Modell hieß Gallardo (ausgesprochen gaʎ'ʎardo), was selbstverständlich auf eine spanische – und in diesem Fall besonders aggressive – Kampfstierrasse zurückzuführen war. Der kleine Lamborghini überzeugte mit seinen überragenden Fahreigenschaften und entwickelte sich so sehr schnell zum Bestseller. Über zwei Dutzend bis zu 570 PS starke und maximal 325 km/h schnelle Modellvarianten inklusive einer obligatorischen Softtop-Version namens Spyder hielten die Nachfrage auf hohem Niveau. Es verwundert also nicht, dass der Gallardo bereits zweieinhalb Jahre nach seiner Lancierung und mit bis dato 3000 Einheiten zum meistverkauften Lamborghini der Markengeschichte avancierte. Mitte 2006 zog sich Chefingenieur Ceccarani nach 25 Jahren im Unternehmen zurück; sein Nachfolger wurde der bisherige Spartenchef Powertrain, Maurizio Reggiani. Unter seiner Leitung stieg 2008 der Hubraum des V10 auf 5,2 Liter (Motorcode 07L100015AQ1). Die Produktion endete erst im November 2013 nach 14 022 Exemplaren.

Inzwischen ist absehbar, dass der seit Frühjahr 2014 angebotene Gallardo-Nachfolger Huracán diesen Rekord knacken wird: Allein in den ersten vier Jahren wurde er bereits über 10 000 Mal produziert. Das Auto verfügt über ein Verbundfaser-Aluminium-Chassis, während es sich bei seinem Motor um den weiterentwickelten Gallardo-V10 handelt, welcher inzwischen 610 PS abgibt (eine rein heckgetriebene Version bringt es auf 580 PS). Geschärfte Spielarten wie der 2017 vorgestellte Performante treiben die Leistung auf nunmehr 640 PS, welche den Zweisitzer in beeindruckenden 2,9 Sekunden auf Tempo 100 beschleunigen.

Superleggera

Novum ab 2018: Lamborghini-Biturbo

Der nächste Bestseller aus Sant´Agata Bolognese wird erstmals kein klassisch-flacher Sportwagen mehr sein

Acht Zylinder – das wissen wir spätestens seit dem letzten Kapitel – sind bei Lamborghini nichts Neues. Auch das erfolgreichste Triebwerk des Hauses, der im Gallardo und Huracán eingesetzte Zehnzylinder, stammt von einem Audi- Achtender ab. Der werkseitige Einsatz von Turboladern dagegen ist eine Premiere. Und die wird in Lambo-Kreisen sehr emotional debattiert. Sauger gehörten schließlich zur Marken-Identität, raunen gusseiserne Fans, und Hubraum sei durch nichts zu ersetzen, höchstens durch noch mehr Hubraum...

Also gut. Warum hat der Urus nicht mehr Töpfe? Zehn, wenigstens? »Weil das gar nicht nötig ist«, erklärt der Leiter Projektmanagement Entwicklung, Riccardo Bettini (siehe S. 160): »Dank der Turbolader liefert der V8 sagenhaft viel Kraft, und zwar schon ab 2000 Touren. Ein Saugmotor dagegen müsste dazu viel höher gedreht werden, dazu kämen häufige Gangwechsel.« Na und, könnten jene antworten, die genau wissen, dass früher alles besser war. Bettini erklärt es: »Im Gelände, wo Drehmoment spontan abgerufen werden will, wäre das kontraproduktiv. Hier überwindet der Urus ganz entspannt viele Hindernisse und kann dabei lange in einer Untersetzung bleiben. Kurzum: Mit einem V10-Sauger wäre das eher schlechter denn besser möglich.«

Bei diesem Statement wollen wir es gerne belassen – ganz besonders nach einem ersten Fahreindruck, der all jene Lügen straft, die dem Urus-Antrieb typische Lamborghini-Eigenschaften absprechen wollen. An dieser Stelle soll auch gleich der (vor allem aus Lambo-Sicht) zweite »Makel« angesprochen werden: Ja, der V8 des Super-SUV stammt aus dem Regal des Volkswagen-Konzerns, genauer gesagt von Porsche. Dort wurde er 2016 von einem neuen Audi Dreiliter-V6 abgeleitet; das V8-Aggregat (Werkscode EA 825) ist ausgesprochen kompakt und besteht weit-

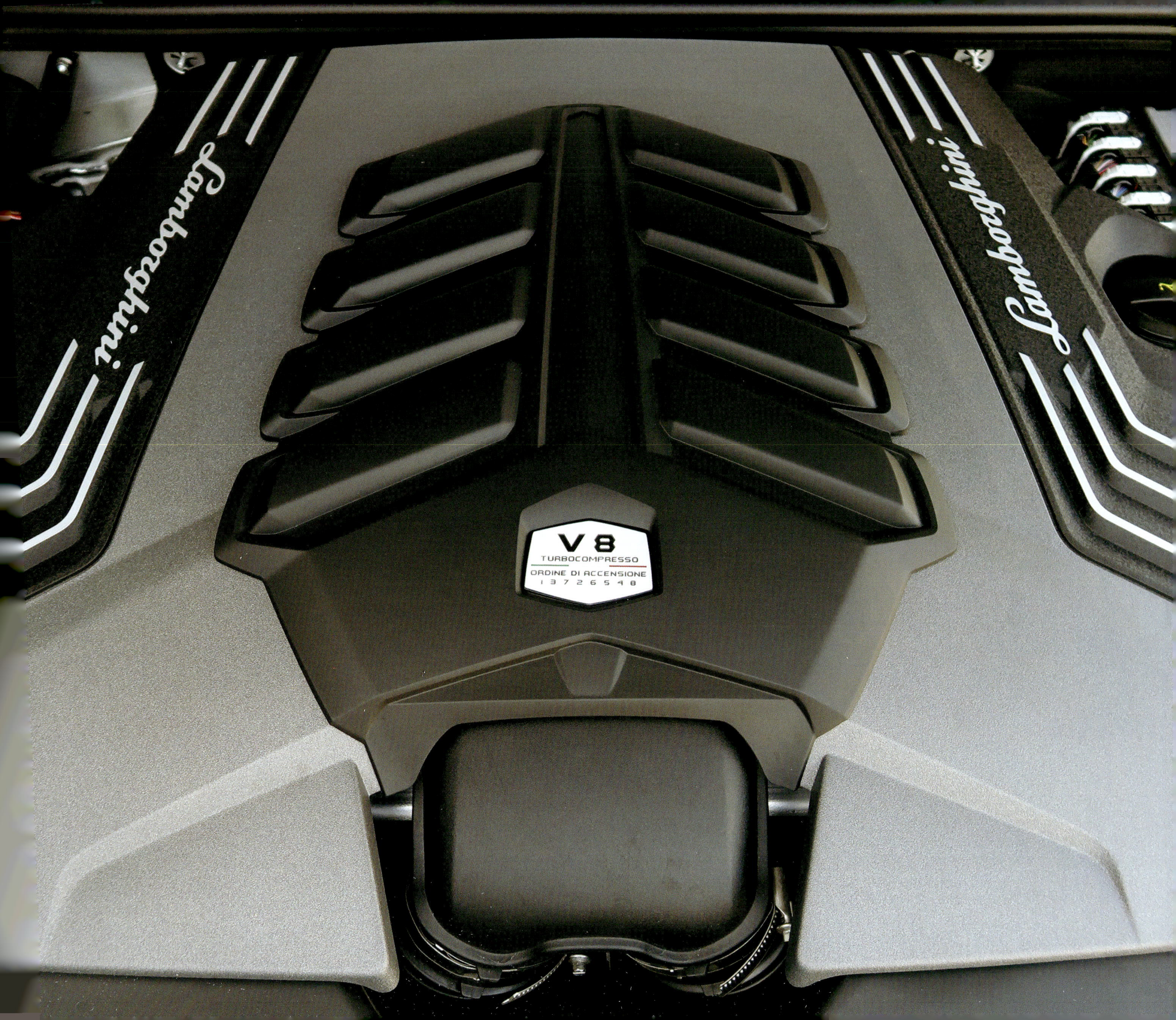
Lamborghini
Lamborghini
V8
TURBOCOMPRESSO
ORDINE DI ACCENSIONE
1 3 7 2 6 5 4 8

Acht Zylinder, vier Liter Hubraum, zwei Abgas-Turbolader: Das Urus-Triebwerk ist ein starkes Stück

gehend aus Leichtmetall. Es weist einen Schwerpunkt-günstigen 90-Grad-Bankwinkel sowie Vierventiltechnik, vier obenliegende und kettengesteuerte Nockenwellen, Benzin-Direkteinspritzung mit 250 bar, zwei Twinscroll-Abgasturbolader plus einen Ladeluftkühler auf. Neben einigen Ingolstädter S- und RS-Modellen sowie dem aktuellen A8 findet es auch im Porsche Panamera Verwendung. In der SUV-Familie kommt das Kraftpaket unter anderem im Bentley Bentayga oder dem Porsche Cayenne zum Einsatz; es verfügt über ein Stopp-Start-System (in den meisten Märkten) und Zylinderabschaltung: Ein zweites Nockenprofil der variablen Ventilsteuerung deaktiviert im Teillastbetrieb bis zu vier Töpfe (Nr. 2, 3, 5 und 8), was den Verbrauch um bis zu rund 30 Prozent senkt – als Durchschnitt gibt das Werk 12,7 Liter an. Mit anderen Worten: So viel geballte Technik nur für den Lamborghini-SUV zu entwickeln, wäre gar nicht möglich gewesen. Aber.

Aber. Der im Urus verwendete Vierliter-V8 weist mehrere konstruktive Besonderheiten auf, die erst nach langen Diskussionen, noch längeren Versuchsreihen und gnadenlosen Belastungserprobungen realisiert werden konnten. EA 825 à la Lambo verfügt über einen veränderten Zylinderkopf, dazu wurden Nockenwellen und Ansaugkrümmer adaptiert. Die zwischen den Zylinderbänken platzierten Turbolader sind größer, und auch das Abgassystem hat man an die veränderten Strömungsverhältnisse angepasst. Da die Abgasstränge der beiden Zylinderbänke im Krümmer und im Ladergehäuse voneinander getrennt verlaufen und erst vor dem Turbinenrad zusammentreffen, sprechen die Lader spontaner an, was einen frühen und kraftvollen Drehmomentaufbau begünstigt. Alle diese Bemühungen gipfeln in satten 650 PS bei 6000 (Höchstdrehzahl: 6800/min) und sagenhaften 850 Nm schon ab 2250 Touren, während die Literleistung bemerkenswerte 162,5 PS beträgt. Diese Daten sind nicht nur rekordverdächtig –

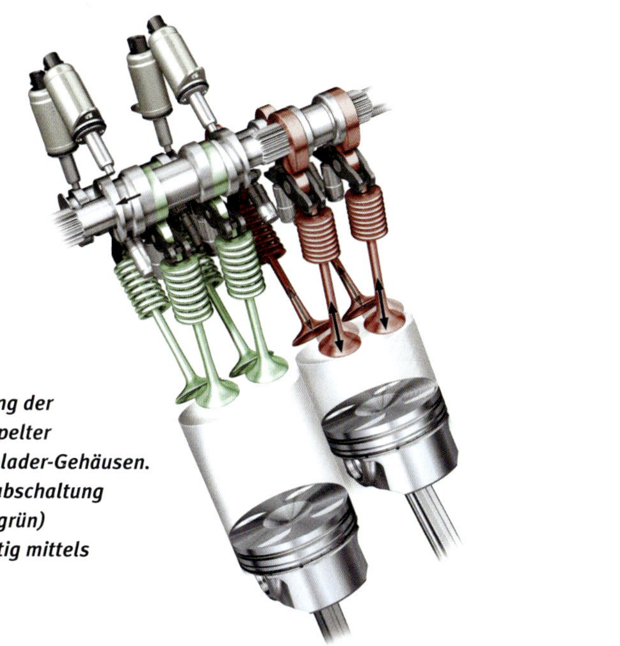

Oben: Schematische Darstellung der Twin-Scroll-Aufladung mit doppelter Abgasführung bis zu den Turbolader-Gehäusen.
Unten: Die raffinierte Zylinderabschaltung aktiviert (rot) und deaktiviert (grün) die Ventile ein- und auslassseitig mittels zweistufiger Schiebenocken

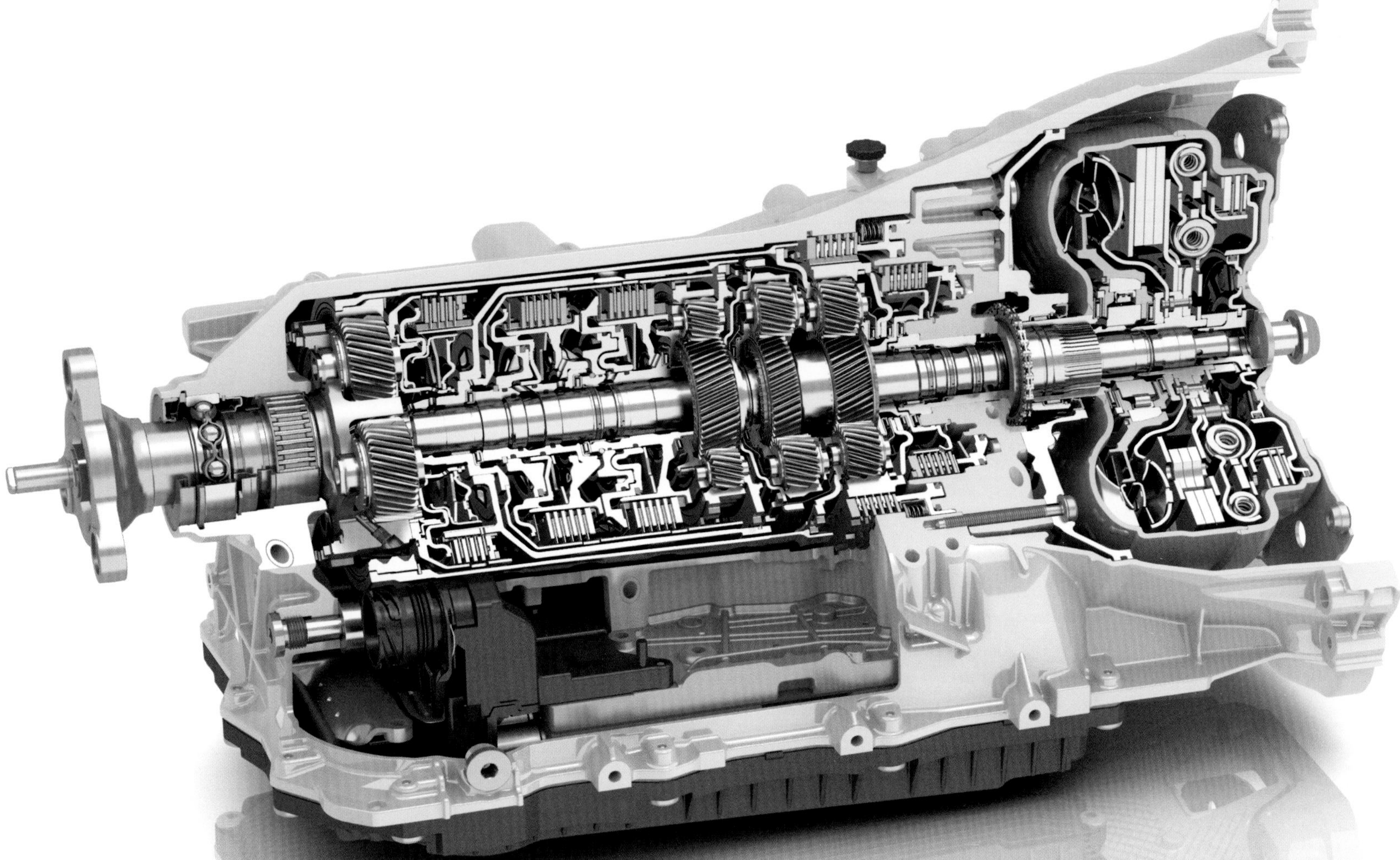

Der Achtstufenautomat 8HP von ZF Friedrichshafen wird im automobilen Oberhaus gerne verwendet. Die Urus-Variante gehört zur zweiten Generation und nennt sich 8HP95A – 95 steht für die Drehmomentklasse, das A für Allrad/AWD

sie befinden sich auf Supersport-Niveau und machen den Begriff »Super-SUV« authentisch.

Zum Vergleich: In den genannten Bentley- und Porsche-Modellen leistet der ähnliche V8 ganze 100 PS weniger und – fast noch wichtiger – bietet rund zehn Prozent weniger Newtonmeter auf. Im Ergebnis heißt das: Kein anderer Motor dieses Segments kann es mit der spezifischen Leistung des Urus-Biturbo aufnehmen. Unterschiede in den Beschleunigungsdaten und der Endgeschwindigkeit spielen sich zwar im Promille-Bereich ab, doch darauf kommt es gar nicht an. Denn was sich hier kaum beziffern lässt, ist der unglaubliche Druck, mit dem der Urus schon aus dem Stand anschiebt. Es ist diese präsente Potenz, welche allzeit abgerufen werden kann und die seine Geschwister nicht ansatzweise bieten können. Der eigenständige Charakter des Lamborghini-V8 ist also gewährleistet. Zusammengebaut wird er in Porsches neuem Achtzylinder-Motorenwerk in Stuttgart-Zuffenhausen, kommt anschließend nach Sant´Agata und wird dort mit dem Achtstufengetriebe und Chassis verheiratet.

Selbstverständlich kommt das elektronisch geregelte Aggregat auch mit schlechten Benzin-Qualitäten und (mit Leistungseinbussen) sogar mit 25-prozentigem Ethanol zurecht, möchte im Idealfall aber mit Super Plus gefüttert werden – noblesse oblige.

Bei allen genannten Vorteilen, die ein Benziner zu bieten hat, wird im SUV-Segment allgemein gerne die Frage nach einem Diesel gestellt – war der für Automobili Lamborghini jemals eine Option? Die Antwort ist ein klares Nein. Mit den toxischen Abgas-Verwerfungen in Wolfsburg hat die Diesel-Ablehnung in Sant´Agata allerdings gar nichts zu tun. Vielmehr schied der Selbstzünder aus rein konstruktiven Gründen aus: Erstens würde er schwerer auf der Vorderachse des Super-SUV lasten und damit die bei Sportfahrzeugen so wichtige Balance empfindlich stören. Zweitens böte er zwar viel Drehmoment, aber nicht genug Leistung, sprich PS. Letzteres schon gar nicht bei niedrigen Drehzahlen, wo sie – gemäß dem breiten Einsatzspektrum des Autos – vorhanden sein sollten. Und drittens wäre ein Diesel für Bettini nicht einmal zweite Wahl: Wenn schon eine Alternative, sinniert er, dürfte es mindestens ein Hybrid sein, der allerdings eine Lamborghini-gerechte Fahrdynamik an den Tag legen müsste. Doch das ist – bei der Drucklegung dieses Buches im Herbst 2018 – reines Wunschdenken.

Bleiben wir also in der alles andere als üblen Gegenwart – und bei einem Antrieb, der seinesgleichen sucht. Erinnern wir uns kurz: Es ist keine zehn Jahre her, dass ein Lamborghini Murciélago LP640 (Ziffer in der Modellbezeichnung = PS) zu den weltbesten Supersportwagen zählte – ganz zu schweigen von einem Porsche 911 Turbo (Baureihe 997.1), der seinerzeit noch mit 480 PS auskommen musste und mit seinem Allradantrieb gleichwohl Benchmark war. Heute gibt es einen Super-SUV und der hat rund 200 Pferdestärken mehr – so ändern sich die Bedürfnisse der ehrenwerten Kundschaft. Die so gesteigerten Kräfte sind heute in gewisser Weise selbstverständlich, und es wird allgemein erwartet, dass Antriebstechnik perfekt funktioniert. Paradoxerweise tritt sie damit zunehmend in den Hintergrund, weshalb auch Lamborghini hier nur noch rudimentär informiert.

Schade eigentlich, denn zu den herausragenden Parametern des Lambo-Achtenders gehören nicht nur sein Leistungsvermögen, sondern ebenfalls das vergleichsweise geringe Gewicht von 225 Kilogramm. Es ermöglicht eine optimale Balance zwischen Vorder- und Hinterachse. Ergo lässt sich das fein austarierte Fahrzeug noch schneller bewegen und auch leichter beherrschen – nicht nur im Grenzbereich. In der Kombination mit dem 8HP genannten Achtstufen-Automat von ZF, der für den Urus neu kalibriert und auch mechanisch abgeändert wurde, sowie dem permanenten Allradsystem ergibt sich ein Antriebsstrang, der bezüglich Leistung, Komfort und Traktion keine Wünsche offenlässt. Mehr noch: Er zählt zum Besten, was es heute zu kaufen gibt. Schließlich treibt er ein Auto an, welches das schnellste seiner Klasse ist.

Die Kombination aus acht Zylindern und Automatik sind allerdings kein Novum bei Lamborghini: Vor dem Urus gab es sie genau ein einziges Mal – im 1977 vorgestellten Offroad-Prototyp Cheetah.

Dinosaur Jr.

So abwegig der 1977 präsentierte Cheetah aus heutiger Sicht auch wirken mag – für Automobili Lamborghini sollte er richtungsweisend sein

Mitte der 1970er-Jahre, in der wohl dunkelsten Zeit der Markengeschichte, stand das Schicksal von Lamborghini auf Messers Schneide. Ferruccio hatte die Mehrheit seines Steckenpferdes Ende 1971 verkauft, ihm danach weitgehend den Rücken gekehrt und züchtete jetzt Weintrauben in Umbrien.

Der neue Eigner der Sportwagenschmiede hieß Georges-Henri Rosetti, kam aus dem Schweizer Jura und hatte sich einen Jugendtraum erfüllt, war aber nicht in der Lage, ihn aus der Krise zu führen. Um 1974 übergab er seine Anteile deshalb an seinen Landsmann René Leimer. Doch es half nichts – der Absatz des in die Jahre gekommenen Modellprogramms stagnierte weiter. Der Espada lag in den letzten Zügen und sollte sich noch bis 1978 schleppen, während der relativ junge Jarama bereits Ende 1976 sang- und klanglos eingeschläfert worden war. Neue Konkurrenten wie der in den Startlöchern stehende Porsche 928 verschärften die Situation.

Einzig der Countach erfreute sich reger Nachfrage, welche allerdings nicht bedient werden konnte: Lamborghinis finanziell prekäre Situation hatte sich herumgesprochen, viele Zulieferer bestanden mittlerweile auf Barzahlung, und es konnte nur noch sporadisch produziert werden, sofern es in Kurzarbeit geschickte Monteure und die benötigten Teile gab. Früher führende Köpfe hatten das Unternehmen längst verlassen.

Hoffnung aus Deutschland Kurzum: Anfang 1977 stand es äußerst schlecht um den einstigen Branchenprimus aus Sant´Agata. Hoffnungen machten die sich langsam erholende Wirtschaftslage und mögliche Fremdentwicklungen: Dem damaligen Generaldirektor Franco Baraldini war es gelungen, einen BMW-Vertrag für einen neuen Tourenwagen an Land zu ziehen – den späteren M1. Die Bayern lieferten einen Sechszylindermotor samt Getrag-Getriebe nach Norditalien; Lamborghini sollte das Auto entwickeln und mindestens 400 Exemplare bauen. Das Design steu-

erte kein Geringerer als Giorgetto Giugiaro bei, der sich am von Paul Bracq gestalteten 1972er BMW Turbo orientierte. Angesichts dieser lukrativen Order sicherte die italienische Regierung dem strauchelnden Sportwagenproduzenten im Sommer 1976 eine Finanzhilfe zu, um den drohenden Untergang abzuwenden und die Mehrheit der Arbeitsplätze zu erhalten. Eine sich langsam erholende Wirtschaftslage sorgte für das zusätzliche Selbstbewusstsein, und in Sant´Agata schien es unter der Führung des damaligen Schweizer Markenbesitzers René Leimer jetzt wieder aufwärts zu gehen. Der spitzte die Ohren, als ihm sein Generaldirektor nach einer US-Reise von einem sensationellen Offroad-Fahrzeug berichtete. Franco Baraldini erzählt: »Schon 1975 war ich auf ein ungewöhnliches Auto aufmerksam geworden, das mich in gewisser Weise an den Countach erinnerte. Es handelte sich um einen relativ flachen Geländewagen mit hubraumstarkem Chrysler-V8-Motor, der hinten angeordnet war und dem Auto zu überragenden Fahrleistungen verhelfen sollte.«

Der Allradler geht auf eine Entwicklung für den Rüstungshersteller FMC (Food Machinery Corporation) zurück: 1970 entstand dort der XR311, und er war als geländefähiges Mehrzweckfahrzeug für den militärischen Einsatz gedacht. Exakt nach den Ausschreibungsvorgaben der US-Armee konzipiert, die ihren Fuhrpark um ein High Mobility Vehicle (HMV) ergänzen wollte, hoffte FMC auf einen lukrativen Auftrag. Die Streitkräfte konnten sich aber nicht zu einer Bestellung durchringen.

Baraldini nahm jedenfalls Witterung auf – über Chrysler-Verbindungen stieß er schließlich auf die XR311-Konstrukteure Bard Johnson und Rodney Barnes Pharis. Beide hatten FMC inzwischen verlassen. Jetzt suchten sie einen Weg, ihre Erfindung doch noch zu realisieren, und waren deshalb nicht abgeneigt mit Lamborghini zu verhandeln.

Auch Leimer hielt eine Kooperation für sinnvoll und gab so Baraldini grünes Licht. Der flog daraufhin mehrmals nach Kalifornien und bereitete die Zusammenarbeit vor. Davon erfuhr wiederum FMC, machte Patentansprüche geltend und drohte bei Missachtung mit einem zeit- und kostenintensiven Strafverfahren. Das sollte zwar scheitern, verzögerte aber einen Vertrag mit Lamborghini.

Pakt mit den Amerikanern Anfang 1976 war der Weg schließlich frei, und am 20. Januar unterschrieben Baraldini und die Amerikaner im New Yorker »Waldorf Astoria« eine entsprechende Vereinbarung: Ihr zufolge sollten Johnson und Pharis einen Prototypen bauen und Lamborghini

die Kosten tragen, bevor man das Fahrzeug im nächsten Schritt zur Serienreife entwickeln und gemeinsam vermarkten werde. Die beiden Konstrukteure gründeten daraufhin in Kalifornien eine eigene Firma namens Mobility Technology International (MTI) und machten sich sofort ans Werk.

Kein Jahr später hatte MTI den Prototyp weitgehend fertiggestellt. Die Zutaten des 455 cm langen, 188 cm breiten, aber nur 165 cm hohen Cheetah (englisch für Gepard) stellten damals das Nonplusultra dar: Eine Ausstattung mit permanentem Allradantrieb und gar drei Differentialen, Einzelradaufhängungen und Scheibenbremsen rundum, Rohrrahmen mit Überrollkäfig, einer Karosserie aus Aluminium (nicht Kunststoff, wie oft zu lesen ist), umklappbarer Frontscheibe, vier Einzelsitzen und belastbarer Ladefläche, konnte man sich viele Verwendungsmöglichkeiten vorstellen: »Leimer sah gute Chancen für eine militärische Produktion, denn er hatte gute Verbindungen in arabische Länder und wusste um den dortigen Bedarf«, erinnert sich ein damaliger Lamborghini-Mitarbeiter.

Die Zubehörliste des Cheetah sah dementsprechend aus: Räder und Karosserie konnten in einer kugelsicheren Ausführung bestellt werden. Sogar ein Waffen-Kit mit Granatwerfer und Drehplattform war vorgesehen, dazu wahlweise eine leistungsfähige Heizung, 24-Volt-Anlage, Funkgerät, Seilwinde, Fernstrahler, Tarnnetze oder ein Anhänger. Die in der Presse kolportierte Radar-Anlage gibt es allerdings nicht: »Bei der langen Antenne handelte es sich lediglich um einen Peilstab mit Wimpel, damit man bei Dünenfahrt besser gesehen werden konnte«, gibt Rodney Pharis schmunzelnd zu Protokoll.

Nicht zuletzt schien der Cheetah auch als Polizei- oder Rettungswagen zu taugen – oder eben als Sandkasten-Spiel-

Nach der Präsentation auf dem Genfer Salon gelangt der Cheetah im Frühjahr 1977 erstmals nach SantAgata – und wird dort bewegt wie kein Lamborghini zuvor

zeug großer reicher Jungs: Der 5,9-Liter-V8-Motor lieferte 180 PS – genug, um das über zwei Tonnen schwere Fahrzeug in gut elf Sekunden auf Tempo 100 und maximale 150 km/h zu beschleunigen. Im Gelände sollten dank den Spezialreifen immer noch 100 Kilometer pro Stunde möglich sein; sogar eine Turbo-Variante stellte man in Aussicht. Die variable Drehmomentverteilung, knapp 30 cm Bodenfreiheit und über 80 cm Wattiefe, aber auch 70 Prozent Steigfähigkeit und bis zu 50 Prozent Seitenneigung versprachen beste Offroad-Eigenschaften. Zwei Tanks standen dabei für hohe Reichweite, die Dreigang-Automatik und eine Servolenkung für Fahrkomfort.

In den 1970er-Jahren war das Geländewagen-Angebot noch nicht so vielfältig wie heute, sondern sehr überschaubar. In Europa kannte man Jeep, den Toyota Land Cruiser, die britischen Land- und Range Rover – das war es. Das Mercedes G-Modell sollte erst 1979 hinzukommen; ein Jahr später würde der kleine Suzuki LJ als legitimer Nachfolger der Flower-Power-Strandbuggys das Angebot ergänzen. So gesehen war der Cheetah ein Trendsetter.

Auf Crashkurs Ein Geländewagen von Lamborghini? Auf dem Genfer Salon im März 1977 war die Sensation perfekt. Interessenten staunten nicht schlecht – und verstanden unter Umständen kein Wort, denn die meisten Prospekte hatte man aus den genannten Gründen in Arabisch verfasst. Auf den Cheetah schien man nur gewartet zu haben, denn tatsächlich gab es noch auf der Messe konkrete Anfragen aus Syrien und Saudi-Arabien. Lamborghini möge bitte die Offroad-Fähigkeiten nachweisen, forderten die potentiellen Kunden, dann werde man umgehend Fahrzeuge bestellen. Viele Fahrzeuge. Von einem technisch ausgereiften Geländewagen konnte indes keine Rede sein;

der Cheetah war schließlich ein fahrbereites Showcar und Franco Baraldini bei den Erprobungen bereits nicht mehr an Bord: Schon Ende 1976 hatte er Lamborghini verlassen, nachdem er mitbekam, dass Leimer nicht über die erforderlichen finanziellen Mittel verfügen würde, um sowohl den BMW-Sport- als auch den Cheetah-Geländewagen wie jeweils vertraglich vereinbart umzusetzen. Mit diesem Insider-Wissen war Baraldinis Ausscheiden nur konsequent: »Ich hatte die Verträge gemacht – sowohl mit BMW als auch mit MTI. Unsere Partner vertrauten mir, und nun stand mein guter Name auf dem Spiel.« Bei MTI bekam man die Ungereimtheiten in Italien mit, konnte zu diesem Zeitpunkt aber nicht mehr ohne Weiteres aussteigen.

Tatsächlich plante Lamborghini ernsthaft, den Cheetah schnell in Serie zu fertigen, um die hoch dotierten Anfragen aus dem Nahen Osten bedienen zu können. Was Mitte 1977 geschah, ist heute nur noch schwer nachvollziehbar, dürfte sich aber folgendermaßen abgespielt haben: Das Schweizer Lamborghini-Management setzte alles auf eine Karte, zweigte einen größeren Betrag des BMW-Geldes für eine hauseigene Cheetah-Serienentwicklung ohne MTI-Beteiligung ab und bat um weitere staatliche Fördermittel. Letzteres vergeblich, denn die italienische Regierung hegte Zweifel an den immer abenteuerlicheren Plänen in der Emilia – zu Recht, wie sich schon wenig später bestätigen sollte. Rodney Barnes Pharis hatte das Fahrzeug bereits im November 1977 wieder abgeholt.

Waghalsige Manöver Trotz der nahezu aufgekündigten Zusammenarbeit mit MTI wollte Lamborghini an den vielversprechenden 4x4-Plänen festhalten. Und während mit »Saturday Night Fever« weltweit der Disco-Boom ausbrach, reiste Leimer persönlich in die USA, um nochmals mit Pharis und Johnson zu verhandeln: Er wollte von ihnen alle Cheetah-Rechte und den Prototypen kaufen, obwohl er außer Versprechungen nichts zu bieten hatte – die Gespräche mit den Amerikanern scheiterten. Doch auch ohne die Italiener sollten MTI und Partner Teledyne Pech haben: Die US-Armee forderte inzwischen ein High Mobility Multipurpose Wheeled Vehicle (HMMWV) und lehnte den Cheetah ab. Den Zuschlag sollte 1979 der Hersteller AM General erhalten – so entstand der Hummer.

In Sant´Agata war die Geschäftskasse dagegen so gut wie leer und Ende 1977 mit nur 97 gefertigten Fahrzeugen ein neuer Tiefpunkt erreicht: Lamborghini würde aus eigener Kraft höchstens noch ein paar Monate durchhalten können. Ob die Fertigungszahlen jener Jahre stimmen, ist bis heute umstritten: Auf jeden Fall gab es damals Unregelmäßigkeiten in den Büchern, und beim BMW Sportwagen-Projekt, das mittlerweile auch offiziell M1 genannt wurde, hinkte Lamborghini dem Zeitplan inzwischen hoffnungslos hinterher. Statt zu liefern, bat Leimer in München um einen Vorschuss, was das Fass zum Überlaufen brachte. Davon abgesehen änderte die Motorsportbehörde FIA das Gruppe-4-Reglement – der M1 war out, bevor er überhaupt antreten konnte. Mitte April 1978 kündigte BMW nach knapp zwei Jahren entnervt die Zusammenarbeit mit Lamborghini. Weil der M1 trotzdem gebaut werden und in einer eigenen Rennserie antreten sollte, verlagerte man die Fertigung zu Giugiaros Firma ItalDesign; die Endmontage erfolgte schließlich bei Baur in Stuttgart.

Lifestyle-Revival Lamborghini stand mit leeren Händen da und steuerte jetzt direkt in Richtung Konkurs. Erst zwei Besitzerwechsel und acht Jahre später erlebte der Cheetah ein Revival – in Form des brachialen LM002. Dem waren ein paar Prototypen vorausgegangen (siehe Seite 72ff.), bevor man ihn 1986 auf die zivile Bevölkerung los ließ – das Militär hatte inzwischen jegliches Interesse verloren. Ausgestattet mit einem vorne angeordneten, 415 PS und ab 1990 satte 490 PS starken 5,2-Liter-Zwölfzylinder, der das 3,3-Tonnen-Trumm auf über 220 Stundenkilometer wuchten konnte, war der LM fortan der Star auf den Parkplätzen von Saint-Tropez, Hollywood oder Bahrain. Genau 300 Exemplare später war schon wieder Schluss, rollte 1992 der letzte LM aus dem Werk – die Nachfrage war damals einfach zu gering, der Preis exorbitant hoch und der Verbrauch sowieso.

Was Lamborghini blieb, war eine Legende – und die Allradphilosophie: Rein heckgetriebene Lambo-Boliden gibt es heute nur noch als Sondermodell. Das Unternehmen selbst ist nicht mehr mit jenem der turbulenten siebziger und achtziger Jahre zu vergleichen: Nach Mitte 1998, als Audi und damit der Volkswagen-Konzern die italienische Traummarke erwarb, ging es bei Automobili Lamborghini steil bergauf, kamen Vertrauen, Fertigungsqualität und überragende Fahrleistungen, feierte man einen Absatzrekord nach dem anderen.

Doch mit der technischen Komplexität ist auch die kritische Masse gestiegen: Heute braucht es schon ein paar Autos mehr, um profitabel arbeiten zu können. Deshalb ein weltweit expandierendes Händlernetz, deshalb die dritte Baureihe – deshalb ein Super-SUV, der in Asien, Arabien oder Russland reißenden Absatz finden wird. Denn anders als bei vielen anderen Luxusmarken, die derzeit ins Gelände aufbrechen, sind die Allrad-Ambitionen aus Sant´Agata nicht synthetisch. Und weil sich der Urus seine Plattform und Motoren mit Konzerngeschwistern von Audi, Bentley und Porsche teilen wird, ist er überhaupt machbar. Doch Lambo wäre nicht Lambo, wenn der Urus nicht einige Superlativen zu bieten hätte – zum Beispiel diesen hier: Von allen Serien-SUV der Welt ist er der schnellste.

In der Begegnung des Cheetah mit dem ab 1986 gebauten LM002 zeigen sich noch ein paar optische Ähnlichkeiten. Technisch handelt es sich um zwei völlig unterschiedliche Fahrzeuge

Ungewöhnlicher Werdegang

Zwischen Cheetah und dem LM002 lagen neun Jahre – und drei Prototypen. Hier ist ihre Geschichte

Erstmals mit V12: LM001 Nach der Cheetah-Premiere (siehe Seite 68) wurde es ruhig um den Exoten – zumindest offiziell. Die Ingenieure in Sant´Agata hatten den Allradler aber genau studiert, bevor dieser in die USA zurückkehrte. Lamborghini hoffte damals auf lukrative Militäraufträge, wie sie auch bei Land Rover oder Mercedes üblich waren, und tatsächlich gab es diverse Anfragen. Noch 1979 fragte der saudi-arabische Grenzschutz an, ob Lamborghini einen Prototyp liefern könne, was der Sache neuen Schwung gab. Zudem wollten die Araber das Auto unbedingt mit einer montierbaren Kanone haben...

In Sant´Agata begann man daraufhin einen eigenen, wenn auch Cheetah-ähnlichen Geländewagen zu entwickeln. Tatsächlich war dieser erste echte Lamborghini-Offroader seinem US-Vorbild wie aus dem Gesicht geschnitten und wies auch einen Heckmittelmotor auf, die Karosserie kam jedoch etwas breiter und mit festen Türen daher.

Bei der Antriebsquelle handelte es sich selbstverständlich um einen Lambo-Zwölfender, der aus dem Countach kam und dessen Vergaser riesige Luftfilter aufwiesen. Dank manuellem ZF-Fünfgang- sowie einem zentral angeordneten, von Lamborghini selbst entwickelten Untersetzungsgetriebe gab es Heck- und einen zuschaltbaren Frontantrieb für den Allrad-Modus. Jede Achse verfügte über eine Differenzialsperre, vorne mit 40-, hinten mit 60 Prozent Schlupf. Eine dritte Sperre befand sich mittig im Untersetzungsgetriebe; in schwerem Gelände oder auf weichem Untergrund sorgte sie für gleichmäßige Kraftverteilung auf alle Räder. Eine rote Cockpit-Leuchte warnte vor mechanischer Überlastung, wenn gleichzeitig mit Untersetzung und Heckantrieb gefahren wurde. Darüber hinaus gab es manuelle Freilaufnaben vorne, um den Antriebsstrang zu entlasten, sollte das Fahrzeug längere Zeit im Heckantrieb-Modus – zum Beispiel auf einer Autobahn – bewegt werden.

Dieses Auto wurde LM001 genannt, was für Lamborghini Militare und die Nummer des Prototyps stand. Im März 1981 parkte der 4x4 auf dem Genfer Salon und erzielte den gewünschten Effekt: Saudi-Arabien wollte den Geländewagen so schnell wie möglich haben, und Kuwait stellte gar die Bestellung von 3000 (mit drei Nullen!) Exemplaren in Aussicht. Das wäre eine sensationelle Order gewesen, ergo trieb Lamborghini die LM-Serienentwicklung voran. Ausgiebige Probefahrten im Sommer 1981 zeigten jedoch, dass der Motor nicht genug Luft bekam. Mehr noch: Schon nach kurzer Fahrt begann die Auspuffanlage zu glühen! Zusätzliche Belüftungen schafften zwar Abhilfe, aber während anschließender Sandfahrten in Jeddah offenbarte sich ein weitaus größeres Problem: An steilen Dünen überschlug sich das hecklastige Auto nach hinten.

Der 1980 realisierte LM001 kombiniert konstruktive Cheetah-Merkmale mit einem Lambo-V12 und Militär-Ausrüstung. Es ist ein Schritt in die falsche Richtung

Zweiter Anlauf: LMA Fahrversuche hatten schnell gezeigt, dass der LM001 in eine Sackgasse führte. Eile war geboten, denn die Kuwaitis wollten vor der Vertragsunterzeichnung einen voll funktionstüchtigen Vorführwagen sehen. Bei Lamborghini tat man das einzig Richtige – und beendete die Arbeiten an der Fehlkonstruktion, die in eine Werksecke geschoben und dort vergessen wurde. Unter der technischen Leitung des legendären Giulio Alfieri begann man mit dem Bau eines zweiten und komplett neuen Versuchsträgers, dessen Zwölfzylinder erneut aus dem Countach stammte, aber diesmal im Bug angeordnet war – weshalb die Laufrichtung des V12 geändert und das Getriebe angepasst werden mussten. Die tief greifenden Umgestaltungen machten zudem einen stark modifizierten Rohrrahmen erforderlich, dazu gab es neue Einzelradaufhängungen vorne und hinten. Davon abgesehen entsprach die Antriebstechnik der des LM001, auch die Bremsanlage mit Trommeln hinten wurde aus Kostengründen übernommen. Auch hielt das Team am Pick Up-artigen Aufbau fest, zumal jetzt erstmals eine nennenswerte Lade- oder Zusatzsitzfläche zur Verfügung stand. Die Karosseriestruktur bestand aus einem simplen Stahlgerüst, und um das Gewicht zu drücken, waren Hauben und Kotflügel aus Kunststoff sowie die Türen aus Aluminium gefertigt. Die Kabine selbst zeigte viel nacktes Blech; rollbares Canvas-Tuch bildete das Dach.

Bereits im Herbst 1981 stand der neue Wagen zu ersten Testfahrten bereit. Um ihn auch nominell von seinem optisch ähnlichen Vorgänger zu unterscheiden, wurde er LMA genannt – mit »A« für Anteriore, sollte man denken, da der Motor ja jetzt vorne angeordnet war. Insider berichten allerdings, dass es nur darum gegangen sei, den Pförtnern zu signalisieren, welcher Wagen da gerade vom Werkhof fuhr oder zurückkam. A statt 1 symbolisierte zudem einen neuen Anfang. Im Frühjahr 1982 war das über 2,5 Tonnen schwere Ungetüm weitgehend fertig und wurde natürlich auf dem Genfer Salon präsentiert, der wie gewohnt Anfang März stattfand. Dort gehörte der Lamborghini-Allradler mittlerweile schon zum Inventar, weshalb sich das allgemeine Zuschauerinteresse in Grenzen hielt.

Ganz anders Ende Mai beim Formel-1-GP von Monaco: Hier hatte der LMA seinen großen Auftritt und erregte viel Aufmerksamkeit und positive Feedbacks. Auch die Entwicklung machte endlich wesentliche Fortschritte. Einzig die Vergaser bereiteten den Ingenieuren noch Kopfzerbrechen: An steilen Hängen klemmten die Schwimmer und das Gemisch wurde so fett, dass sich Rauch bildete – ein simpler Umbau eliminierte diese Unart. Und weil im Sand öfter mal der Kraftschluss gestreikt hatte, kam ab sofort eine robuste Sinterkupplung zum Einsatz.

Der LMA sieht wie nicht nur aus wie ein fähiger Offroader – er ist es auch und zeigt bereits eine seriennahe Linienführung. 1982 wird er als VIP-Shuttle beim F1-GP von Monaco eingesetzt (rechte Seite). Allein politische Umstände verhindern seine Produktion

Der kraftvolle LMA sah also nicht nur furios aus – er fuhr sich auch so, und zwar auf jedem Untergrund! Endlich konnten die potenziellen Kunden in Saudi-Arabien und Kuwait ihre lang versprochenen Vorführwagen in Empfang nehmen, um sie während dem Ausschreibungsverfahren gegen Wettbewerber von Land Rover und Toyota antreten zu lassen. Doch nur der Lambo bestand alle Tests, und eigentlich hätten jetzt die lang ersehnten Verträge im September 1982 unterschrieben werden können – wenn nicht zeitgleich der Iran-Irak-Konflikt eskaliert wäre. Der Zwei-Staaten-Zwist wuchs sich zu einer ausgewachsenen Nahost- und weltweit zweiten Energiekrise aus: An italienische Geländewagen dachte in Riad plötzlich niemand mehr; auch Kuwait sagte unvermittelt ab...

Diese Wendung stellte Lamborghini vor eine ganz neue Herausforderung: Um die winkenden Aufträge zeitnah bedienen zu können, hatte man bereits Komponenten für 300 Fahrzeuge bestellt und auch neue Monteure verpflichtet. Ohne lange zu fackeln wurde darum beschlossen, aus dem Armeefahrzeug einen Luxus-Geländewagen für die oberen Zehntausend zu machen. Letztere stellten natürlich Komfortansprüche an ein solches Modell, was erneute Modifikationen nötig machte. Im Herbst 1982 gab Lamborghini dann bekannt, den mit 450 PS aktuell stärksten Offroader der Welt auf den Markt bringen zu wollen!

CHRONO
BO 882
GITANE

4x4 der Superlative: LM004/7000 Auf dem Weg vom LMA zum Serienmodell sollten über drei weitere Jahre vergehen. Neben den üblichen Abstimmungs- und Homologationsfahrten ging es bei der Entwicklung auch um eine eventuell zweite, weil sparsamere Antriebsquelle. Diskutiert wurde ein 150 PS starker Sechszylinder-Turbodiesel des italienischen Motorspezialisten VM – doch der wäre schlicht zu schwach für den LM gewesen, dessen Modellbezeichnung beibehalten wurde. Leistung war also unverzichtbar, und so entstand ein dritter und vielleicht interessantester Prototyp – der LM004/7000.

Die Typenbezeichnung war ein klarer Hinweis auf den Siebenliter-Motor, der laut Pressetext schon bei 3500/min knapp 600 Nm und relativ moderaten 5400 Umdrehungen 420 PS abgab – tatsächlich standen über 500 PS zur Verfügung. Mit ihnen beschleunigte der leer 2,7 Tonnen schwere Offroader in nur 11,5 Sekunden auf Tempo 100. Steigungen von 100 Prozent wurden zur Lappalie; selbst über 90 Zentimeter tiefe Wasserdurchfahrten stellten für den Über-LM kein Hindernis dar. Die monströsen 365/60er-Reifen waren kugelsicher und eine Sonderanfertigung von Pirelli. Lamborghini hatte sogar an ein Satelliten-Navigationssystem gedacht, was seinerzeit nur vom Militär oder in der Seefahrt eingesetzt wurde und ein echtes Science Fiction-Feature gewesen ist. In der Öffentlichkeit hatte der extreme Italiener dagegen schnell seinen Spitznamen weg: Rambo-Lambo ...

Inzwischen war es Frühjahr 1984 geworden, und es gab nur wenige Journalisten, die den LM004 fahren durften. US-Journalist Thos L. Bryant vom Fachmagazin Road & Track war einer von ihnen und konnte es kaum fassen: »Hinter dem Lenkrad sitzt du ziemlich weit über dem Boden (...), und anfänglich ist es ein wenig unheimlich, während schneller Fahrt so hoch zu sitzen, aber diese Empfindung wechselt bald in Heiterkeit. Das ist ein riesiges Fahrzeug, mit einem

Radstand von drei Metern und einer Gesamtlänge von 4,9 Metern. (...) Bei höheren Geschwindigkeiten – 160 km/h oder so – fühlt sich der Lamborghini derart geschmeidig an, dass man versucht ist, den Tacho abzulesen und sich zu vergewissern, dass man wirklich so schnell fährt. (...) Es ist ein grandioser Spaß!«

Der Siebenliter-V12 des LM004 war eigentlich ein Marinemotor: Patrick und Jean-Claude Mimran, die damaligen Lamborghini-Besitzer, hatten erkannt, dass sich der internationale Jet-Set für Offshore-Rennboote begeisterte und investierten in diese Richtung – zumal man sich in einem neuen Umfeld und vor entsprechend solventem Publikum präsentieren konnte. Die einst von Ferruccio Lamborghini begründete Bootsmotoren-Tradition generierte zusätzliche Glaubwürdigkeit.

Bis 1985 erstarkte der neue, nunmehr 8,2 Liter große Marine-V12 auf über 700 PS – 100 mehr als damals üblich. Entsprechend souverän waren die paarweise damit ausgerüsteten, rund fünf Tonnen schweren Offshore-Cigarettes unterwegs: 90 Knoten (über 165 km/h) galten als Untergrenze; ein 1600 Liter-Tank reichte für vier Stunden Fahrt. Neben reinen Spaßbooten gaben die Mimrans auch eine spartanische, noch schnellere Wettbewerbsversion in Auftrag – und schufen damit die Grundlage einer beispiellosen Erfolgsgeschichte, die in zahlreichen Offshore-Meisterschaftstiteln gipfeln sollte (siehe Seite 37).

Im Alltag eines LM004/7000 erwies sich der Hubraumriese allerdings als nur bedingt tauglich, weil seine Drehmomentkurve ungünstig hoch verlief, was wiederum den Verbrauch negativ beeinflusste. Ergo wurde die Motorkapazität auf 5,2 Liter und damit auf LMA-Niveau verringert, ohne dabei nennenswerte Krafteinbußen verzeichnen zu müssen – eine letzte wesentliche technische Änderung auf dem

Gut zu erkennen (links): Gitterrahmen und Karosserie wurden für den Serien-LM nur noch marginal geändert.
Im LM004-Cockpit gab es Urraco- und Jalpa-ähnliche Instrumente

Weg zum kommenden, optisch nochmals überarbeiteten Serienmodell. Dessen Bezeichnung LM002 stammt übrigens nicht von Lamborghini, sondern aus den Fachmedien. Irgendwann hatte sich das Kürzel verselbstständigt, weshalb Sant´Agata noch vor der Publikumspremiere im März 1986 pragmatisch beschloss, einfach dabei zu bleiben.

Produzione Limitata

Ignorieren zwecklos: Der LM002 war 1986 nicht weniger spektakulär als seine älteren Geschwister Miura oder Countach – aber viel seltener

Im März 1986 lancierte Lamborghini ein neues Serienmodell: Neun Jahre nach der Cheetah-Premiere in Genf sowie mehreren Experimenten und Rückschlägen ging der LM002 endlich in Produktion (gelegentlich wird hier 1982 genannt, doch damals gab es nur das Genfer Vorserien-exemplar LMA, sehe Seite 72). Die Antriebstechnik entsprach dem LMA, der Vergaser-V12 leistete offiziell 455 PS, Klimaanlage und Servolenkung gehörten zur Standardausstattung. Anders als bei den handgebauten Vorserienexemplaren wurde die Rohkarosse bei Irizar im nordspanischen Ormaiztegi produziert: Der Omnibus-Hersteller hatte einschlägige Erfahrungen mit Rohbaustrukturen wie der des LM, doch was in Italien ankam, war oft schlecht verarbeitet und musste nachgebessert werden.

Ausschließlich auf Bestellung hergestellt, war der Allradler auf den Pracht-Boulevards und vor 5-Sterne-Herbergen auf Anhieb der Größte: Nicht nur in den Fahrleistungen, auch als exklusives Statussymbol konnte er sämtliche Edelkarossen locker abhängen. Die ersten Exemplare gingen nach

Es war einmal: Vor drei Jahrzehnten ist die Fahrzeugfertigung in Sant´Agata noch reine Handarbeit

Auf Wunsch des damaligen Lamborghini-Beraters Sandro Munari (Mitte rechts) entsteht 1987 eine LM-Wettbewerbsversion. Dank privater Initiativen nimmt das Auto später sogar an der Rallye Dakar teil

Saudi-Arabien, Oman oder Zaire. Auch König Hassan von Marokko gehörte zu den Käufern, und in dessen größtenteils unwegsamen Hoheitsgebiet machte das Auto auch Sinn. In Europa dagegen fuhr der LM vorwiegend auf Asphalt, was ihm aber nichts von seiner Faszination nahm; in Paris war er besonders en vogue. Trotzdem blieben die Verkäufe hinter den Erwartungen zurück; 1986 verließen nur drei Dutzend LM das Werk. Die Produktion sollte 1987 mit etwa 80 Exemplaren ihren Höhepunkt erreichen; ein Jahr später würden es nur noch knapp 50 sein. Patrick Mimran räumt rückblickend ein: »Der LM war seiner Zeit weit voraus und kam einfach zu früh.« Vielleicht lag es auch daran, dass nicht jeder mit dem guten Stück zurechtkam, wie Clauspeter Becker in *auto motor und sport* anschaulich beschrieb: »Wer bisher nicht wusste, was Drehmoment ist, bekommt diese physikalische Größe hier in aller Größe am eigenen Leibe, an Armen und Oberkörper zu spüren. Das Kurbeln am kleinen Nardi-Lenkrad ist Schwerstarbeit. Bei fast 16 Meter Wendekreis gibt es viel zu viele enge Ecken und entsprechend viel zu tun.«

Motorsport im Sinn Mit seinen Eigenarten blieb das schwer zu bändigende Ungetüm ein Exot; zu den vorwiegend prominenten Besitzern zählte Formel 1-Pilot Keke Rosberg, der auch einen Countach QV mit Heckspoiler sein Eigen nannte. Beim US-Automobilhersteller Chrysler, zu dem Lamborghini ab Frühling 1987 gehörte, war man jedenfalls unzufrieden mit dem LM-Absatz. Abhilfe versprach ein neuer PR- und Technikberater, der nahezu zeitgleich nach Sant´Agata kam: Sandro Munari war dreifacher Rallye-Champion, viermaliger Monte-Carlo-Sieger und sollte mit seinen Kontakten das Markenimage aufwerten. Parallel träumte er von Teilnahmen an der Rallye Paris-Dakar oder der Baja 1000 – und baute sich einen um 400 Kilogramm abgespeckten Wettbewerbs-LM mit Schalensitzen und Überrollkäfig auf. Der erste Einsatz bei der Rallye

Ägypten im September des gleichen Jahres wurde allerdings abgebrochen, nachdem der Veranstalter tödlich verunglückt war. In Griechenland folgte 1988 der zweite Anlauf, diesmal mit Munari als Navigator – und seinem langjährigen Beifahrer Mario Mannucci hinter dem Steuer. Nachdem jedoch die Hochgeschwindigkeits-Etappe gestrichen wurde, zog Munari das Auto trotz Bestzeit in Patras erneut zurück. Und weil Chrysler weitere Aktivitäten missbilligte, war die offizielle Motorsport-Karriere des LM vorzeitig beendet. Erst die Initiativen privater Teams sollten das Auto zur Rallye Paris-Dakar bringen.

Einspritzung für alle Am stagnierenden Absatz änderte das freilich nichts. Um diesem Umstand abzuhelfen, erhielt die europäische Version bereits im Januar 1989 den neuen 5,7-Liter-Motor mit Benzineinspritzung und Katalysator. Es war die Fahrgestellnummer 12138, womit auch klar ist, dass Einspritz- und Vergaser-Versionen (beginnend mit Fahrgestellnummer 12100, das letzte derartige Auto entstand im Januar 1990) eine Weile durcheinander hergestellt wurden. Zwar verfügte das US-Modell schon seit knapp drei Jahren über die Injection, doch Lamborghini stellte den Übersee-Export des LM nun wegen zu geringer Rendite ein – zwei Jahre, bevor die Zivilversion des Armee-Offroaders AM General Hummer auf den Markt kam. Der Nordamerika-Importeur rüstete die finale LM-Lieferung stilecht mit Kuhfänger, Unterfahrschutz und einem Reserveradhalter aus, auf dem ein riesiger Stier

THE TOTAL EXPERIENCE
Lamborghini LM002

angebracht war – wahlweise voll verchromt, versteht sich. Auch in der restlichen Welt war der LM am Ende seines Weges angekommen: Am 11. Mai 1992 verließ das 300ste und letzte Exemplar – Silber lackiert und für einen deutschen Kunden – die Endmontage. Inoffiziell entstand etwa einen Monat später noch die Nummer 301 in Gold, das Auto befindet sich bis heute in Werksbesitz. Mit dem Ableben des LM002 kehrte die Monokultur vorübergehend nach Sant´Agata Bolognese zurück. Auf dem verwaisten Montageband entstanden zwar ein Dutzend Prototypen für einen Elektrobus, den Lamborghini im Auftrag des italienischen Energiekonzerns Enel entwickelt hatte. Tatsächlich kam der EV.1 damals schon 150 Kilometer weit und machte einen ebenso durchdachten wie seriennahen Eindruck, bevor Chrysler die Pläne 1993 stoppte.

Was blieb, war die Begeisterung für einen Vollgas-Offroader und in den folgenden Jahren gab es mehrere Konzepte für einen LM-Nachfolger.

Besuch im Jungbrunnen

Klassische Lambos kann man irgendwo wieder flottmachen – oder sie fach- und sachgerecht dort restaurieren lassen, wo sie einst entstanden: im werkseigenen Polo Storico

Kaum zu glauben, aber wahr: Frühe LM002 sind bereits über 30 Jahre alt und damit faktisch Oldtimer; in wenigen Jahren wird es die gesamte Baureihe sein. Sie ist damit in guter Gesellschaft: Klassische Lamborghini erfahren mittlerweile die Wertschätzung, die ihnen gebührt. Neben ihrer ästhetischen oder technischen Sonderstellung in der Automobilgeschichte ist durchaus auch die Preisentwicklung gemeint: Gute Miura sind heute praktisch nicht mehr unter einer Million Euro zu haben, und der Countach ist auf dem besten Wege, es seinem Vorgänger gleich zu tun. Auch Espada oder Urraco, vor kurzem noch für relativ kleines Geld zu bekommen, werden inzwischen sechsstellig gehandelt. Ihre Seltenheit spielt dabei eine Rolle, ihre individuelle Geschichte und nicht zuletzt ihr Stammbaum.

Vor diesem Hintergrund war es nur eine Frage der Zeit, bis Automobili Lamborghini eine eigene Restaurierungsabteilung aufbauen würde. Ältere Baureihen hatte man ja schon immer instand gesetzt, wenn Kunden das wünschten. Doch spätestens mit der aufkommenden Mechatronik wurde es nötig, jüngere Menschen in rein analoge Technik einzuweisen, bevor wichtiges Fachwissen verloren gehen würde. So geschah es – und nach getaner Arbeit erhielten Kunden nicht nur ein perfektes Auto zurück, sondern auch ein Zertifikat dazu, welches die Authentizität und Güte der Ausführung dokumentierte. Das geschah bereits ab 1999 und damit lange bevor andere Automobilhersteller begannen, ihre Vergangenheit zu pflegen. Allerdings machte man in Sant´Agata keine große Sache daraus, sondern arbeitete

Bis Sommer 2018 sind bereits drei LM002 im Polo Storico aufgearbeitet worden. Das Exemplar auf diesen Seiten ist Chassis #12231 aus dem Jahr 1991 und gehört heute zur Lamborghini-Fahrzeugsammlung

lieber im Verborgenen. Damals sorgte noch eine zufriedene Klientel für die Verbreitung der frohen Botschaft, war die Werksbetreuung älterer Baureihen ein Geheimtipp unter Eingeweihten.

Mit dem Umzug in einen modernen Gebäudekomplex begann im Frühling 2003 das Umdenken: Ganz im Sinne des Markengründers – »Tue Gutes und rede darüber« – begann man, das Restaurierungszentrum stärker zu promoten. Damit bewies Lamborghini wieder einmal Weitsicht und das richtige Gespür für wachsende Bedürfnisse: Für viele Eigner zunehmend hochpreisiger Lambos ist inzwischen nur noch das Beste gut genug, wird der vierrädrige Liebling selbstverständlich im Werk gewartet oder gar neu aufgebaut, will man Know-how aus erster Hand. Um die steigende Nachfrage bedienen zu können, nahm man im April 2015 ein neues Restaurierungszentrum unter dem Namen Lamborghini Polo Storico in Betrieb. Die Abteilung ist professioneller aufgebaut denn je: Neben dem historischen Markenarchiv, das neben technischen Zeichnungen und historischen Ausstattungsverzeichnissen auch Aufträge und Spezifikationen sämtlicher produzierten Lamborghini-Modelle beinhaltet, umfasst die aktuell rund ein Dutzend Mitarbeiter zählende Abteilung auch ein bemerkenswertes Lager mit Original-Ersatzteilen, die eigentliche Fahrzeugwerkstatt sowie eine Zertifizierungsstation.

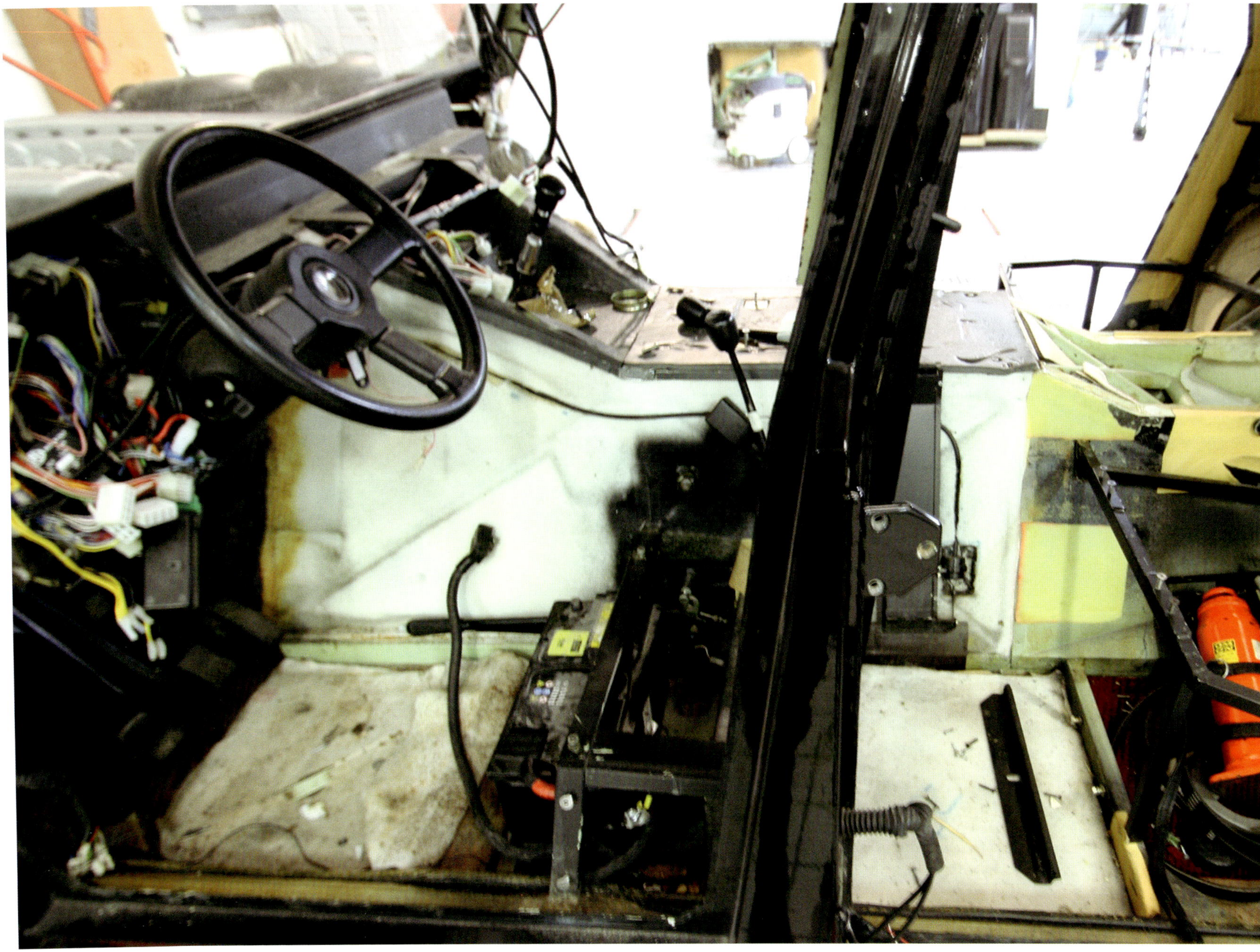

POLO STORICO
Lamborghini

Das Studio Polo Storico lebt von der Geschichte des Hauses. Versierte Fachleute arbeiten mit viel Liebe zum Detail; sauber gesicherte Daten garantieren Originalität

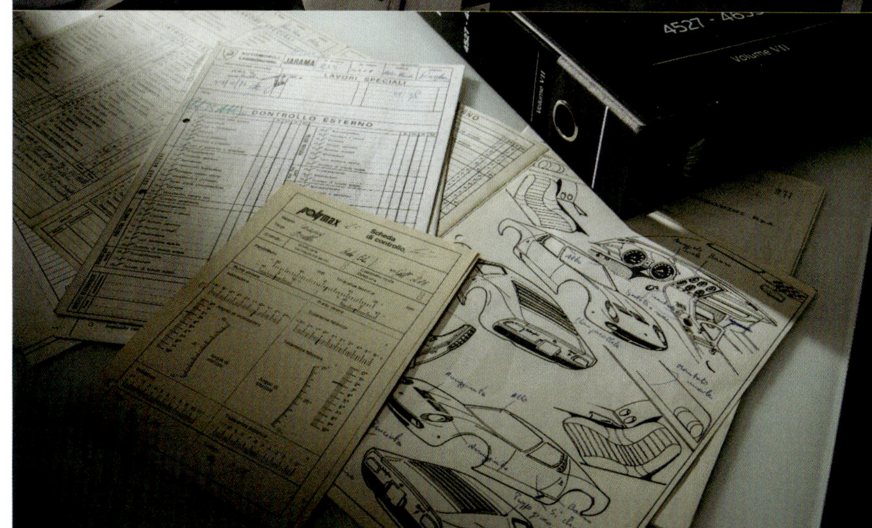

Natürlich stehen der Kundschaft eigene Räumlichkeiten zur Verfügung, in denen kommende Aufträge besprochen oder aktuelle Arbeiten beobachtet werden können.

Jede Polo Storico-Restaurierung wird akribisch und auf Wunsch in Buchform dokumentiert. Praktisch als Premiere wurde 2015 und im Kundenauftrag der auf dem 1971er Genfer Salon gezeigte Vorserien-Miura SV komplett revidiert – und im Frühjahr 2016 demonstrativ beim Concours d´Elégance in Amelia Island/Florida vorgestellt. Statt nachgefertigte Neuteile zu nehmen, was viel bequemer gewesen wäre, hat Polo Storico möglichst viele Originalteile aufbereitet und wiederverwendet; die Arbeiten nahmen über ein Jahr in Anspruch. Genauso lang dauerte es 2016, einen 350 GT in Neuzustand zu versetzen; inzwischen sind weitere Fahrzeuge hinzugekommen, darunter auch drei aufbereitete LM002 – einer von ihnen, Chassis-Nummer #ZA9LU45A3LLA12231, befindet sich in Werkbesitz und ist gelegentlich im Museum zu bewundern.

Im März 2017 wurde das Polo Storico Classic Center offiziell eröffnet; seither durften weitere betagte Lambo-Ikonen eine Frischzellenkur erfahren. Parallel ist man dabei, alle in Papierform vorliegenden Dokumente zu digitalisieren, um sie Besitzern historischer Lamborghini sowie Liebhabern, Journalisten oder Historikern zugänglich zu machen. Bis der erste Urus im Polo Storico landet, dürften allerdings noch ein paar Jahrzehnte vergehen.

Teuflische Traktion

Der Diablo VT war Lamborghinis erste Allrad-Rakete

Der Diablo gehört zweifellos zu den richtungsweisenden Baureihen aus Sant´Agata Bolognese; zwischen 1990 und 2001 hat es ebenso viele wie faszinierende Versionen des scherentürigen Countach-Nachfolgers gegeben. Die bedeutsamste Variante – im Sinne der Markengeschichte – war zweifellos der Anfang 1993 vorgestellte Diablo VT. Mit ihm führte Automobili Lamborghini den Allradantrieb im Supersportwagen-Serienbau ein – lange vor Ferrari (im FF, ab 2011) und nur zwei Jahre nachdem Bugatti seinen EB110 mit permanentem 4x4 präsentiert hatte, von dem allerdings keine 130 Autos gebaut wurden.

Vom VT (das Kürzel steht für Viscous Traction) sind bis einschließlich 1997 rund 530 Coupés entstanden. Dazu kamen über 450 Roadster (1995–2000) und sie alle befinden sich längst in Liebhaberhänden – aus gutem Grund. Denn mit 492 bis 550 PS (je nach Modelljahr) sind die Allradvarianten zwar nicht die allerstärksten Teufel, aber die mit Abstand spurstabilsten. Das macht sie nicht nur fahrdynamisch, sondern wie schon erwähnt auch historisch interessant: Ihr Allradantrieb verfügt über eine von Lamborghini selbst entwickelte Visco-Kupplung, die Drehzahlunterschiede zwischen Vorder- und Hinterachse ausgleicht. Bedarfsweise werden zwischen fünf und 30 Prozent der Motorkraft – proportional zum hinten auftretenden Schlupf – auf die Vorderräder umgeleitet.

Genau genommen handelt sich also nicht um einen 4x4 im klassischen Sinne, sondern um eine sehr clevere Traktionshilfe. Zwei Differenziale mit 25- und 45-prozentiger Sperrwirkung vorne und hinten garantieren stets optimalen Grip. Wegen dem modifizierten Getriebegehäuse und der zusätzlichen Kardanwelle bringt jeder VT gut 50 kg Mehrgewicht auf die Waage, was angesichts der unverändert hohen Motorleistung verschmerzt werden kann: Sowohl die Beschleunigungszeit von vier Sekunden auf 100 km/h sowie der Top Speed von 325 km/h sind mit der des heckgetriebenen »Standard«-Diablo identisch. Vierkolben-Bremssättel aus Leichtmetall, größere Beläge und eine verbesserte Kühlluftführung sorgen für geringeren Verschleiß und starke Verzögerung, obwohl Lamborghini damals noch auf ein ABS verzichtete.

Dafür verfügte der VT serienmäßig über eine geschwindigkeitsabhängige Servolenkung – ein solches System hatte es in einem Lamborghini-Sportwagen noch nie gegeben.

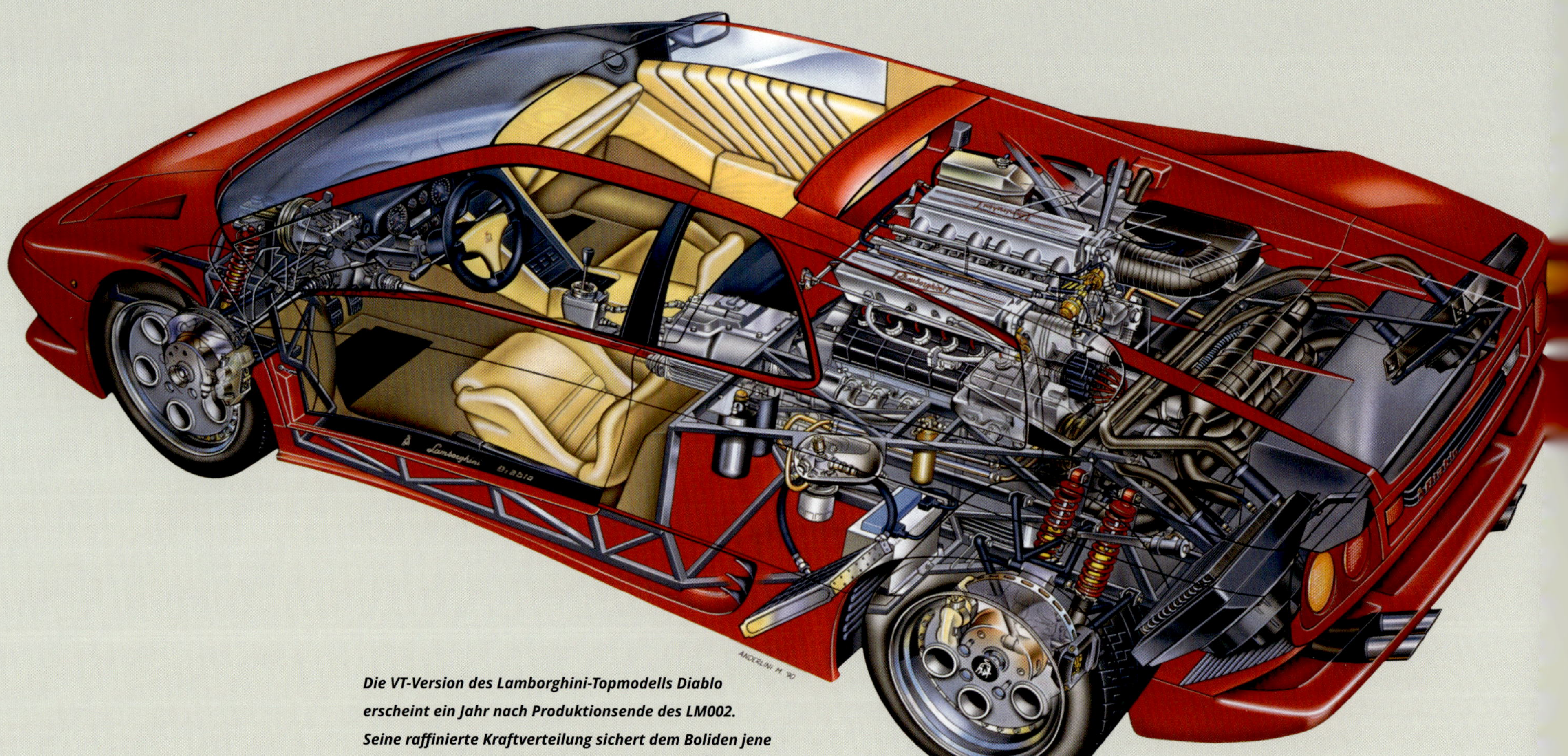

Die VT-Version des Lamborghini-Topmodells Diablo erscheint ein Jahr nach Produktionsende des LM002. Seine raffinierte Kraftverteilung sichert dem Boliden jene Portion Extra-Grip, um Konkurrenten auf Distanz zu halten. Auch Michael Schumacher (rechts oben) ist VT-Fan

Ein weiteres Novum war der Frontlift von Koni, mit dem die Bugpartie um bis zu 4,5 Zentimeter angehoben werden kann: Vor allem in den USA wurde dieses Feature begeistert aufgenommen, weil es dort Bordsteine und Rampen im XXL-Format gibt, an denen Lambo-Spoiler zuvor regelmäßig hängenblieben. Die Lift-Option wurde dann parallel auch in anderen Diablo-Versionen angeboten und ist bei aktuellen Lambo-Modellen bis heute im Programm.

Ein weiteres Novum stellte die variable Dämpferkennung dar: Per Tasten in der Mittelkonsole lassen sich vier verschiedene Härtegrade und ein Automatik-Modus abrufen. Die Gangsynchronisation wurde im Sinne besserer Schalthebelführung optimiert, und Lamborghini sprach gar davon, anstelle der Fichtel-und-Sachs-Kupplung künftig auch ein automatisiertes Getriebe anbieten zu wollen. Tatsächlich sollte es im Diablo nie dazu kommen.

Bei seiner Markteinführung kostete der VT mindestens 25 Millionen Lire. Ferruccio Lamborghini hätte sich das sicher leisten können, doch es kam nicht mehr dazu: Der Firmengründer starb am 20. Februar 1993 – nur wenige Tage bevor der erste Allrad-Diablo ausgeliefert wurde. Seine Supersportwagenmarke ist dem Vierradantrieb derweil treu geblieben. Bis 2001 kam er noch im 330 km/h schnellen Diablo 6.0 zum Einsatz, bis dieser im Herbst vom neuen Topmodell Murciélago abgelöst wurde, welcher über das bewährte, aber weiter entwickelte permanente Allradsystem mit zentraler Viskokupplung verfügte: Bei konstanter Geschwindigkeit werden hier 30 Prozent der Kraft auf die Vorder- und 70 Prozent auf die Hinterräder übertragen. Diese Rate variiert kontinuierlich je nach Straßenbeschaffenheit und Fahrstil zwischen maximal 40 Prozent vorne und 80 Prozent hinten. Einmal mehr ermöglichte dieser Antrieb eine deutlich bessere Traktion und jene Portion Extra-Reserven, auf die es nahe dem Grenzbereich ankommt

– keine schlechte Idee angesichts von 580 PS aus 6,2 Liter Hubraum. Der Murciélago war der erste Lamborghini mit manuellem Sechsganggetriebe (optional gab es eine sequentielle Box) und lief bis zu 335 km/h. Inklusive dem 2004 lancierten Roadster, den ab 2006 vorgestellten stärkeren LP640-Varianten sowie der exklusiven, maximal 340 km/h schnellen Kleinstserie Reventón wurden bis Ende 2010 über 4100 Murciélago gebaut.

Allrad und Supersport standen längst nicht mehr im Widerspruch zueinander: Die Konfiguration hatte sich bestens bewährt, und als 2003 mit dem Gallardo eine zweite Modellreihe lanciert wurde, trat sie ihre beispiellose Karriere selbstverständlich ebenfalls mit permanentem Allradsystem an. Beim Gallardo betrug die variable Verteilung zwischen Vorder- und Hinterachse normalerweise 30 zu 70, bei starkem Beschleunigen oder Steigungen 20 zu 80 Prozent. Bevor die Hinterräder an Haftung zu verlieren drohten, wurde mehr Kraft auf die Vorderräder geschickt, so konnte die Verteilung im Extremfall 50:50 betragen. An der Hinterachse kam ein mechanisches Differential mit 45-prozentiger Sperrwirkung zum Einsatz, was Fahrdynamik und Traktion gleichermaßen förderte. Vorne dagegen befand sich ein offenes Differential: Die fehlende Sperrwirkung kompensierte das serienmäßige ESP. Ab sofort waren heckgetriebene Lamborghini, was noch wenige Jahre zuvor auf die Allradvarianten zugetroffen hatte, limitierte Sondermodelle.

Eine Premiere im Serienbau stellten rein mechanische, selbstregulierende Koni-Stoßdämpfer namens FSD (Frequency Selective Damping) dar, welche in der Lage waren, die Federraten entsprechend der einwirkenden Schwingung automatisch an jeweilige Fahrsituationen anzupassen. Die überlegene Fahrdynamik des Vierrad-Gallardo ließ – vor allem bei hohen Geschwindigkeiten – Konkurrenten vom Schlage eines Ferrari 360 Modena, 430 oder, ab 2009,

Die Roadster- und 6.0-Versionen des Diablo (links) bleiben dem Allradantrieb treu. Anschließend folgen der Nachfolger Murciélago (rechts oben) sowie der kompakte Gallardo (rechts unten) konsequent dem 4x4-Prinzip

den 458 Italia mühelos hinter sich. Auch Porsche musste sich warm anziehen, denn nur ein 911 S oder der 911 Turbo waren mit Allrad verfügbar – und trotzdem langsamer. Das hatte Konsequenzen: Mit insgesamt 14.022 Einheiten ist der Gallardo das aktuell noch erfolgreichste Lamborghini-Modell der Markengeschichte, dürfte aber bald von seinem Nachfolger Huracán (seit 2014) abgelöst werden, während der kommende Besteller aus Sant´Agata bereits mit allen vier Hufen scharrt – der Urus.

Vier-mal-vier-Gedankenspiele

Unterschiedliche Überlegungen bildeten 18 Jahre lang mehrere Offroad-Möglichkeiten, bis sich 2012 erstmals ein Indikativ abzeichnete

Anfang 1994 hatte Lamborghini einmal mehr den Besitzer gewechselt; neuer Hausherr war ein indonesisches Konsortium unter dem Einfluss von Tommy Suharto, dem Sohn des damaligen Ministerpräsidenten des Landes. Bei der Neuausrichtung von Lamborghini, wo es außer dem in die Jahre gekommenen Countach gar nichts mehr gab, schwebten Suharto neben einem neuen Supersportwagen zwei weitere Modelle vor – ein klassisches Frontmotor-Coupé und ein moderner Geländewagen. Letzterer war rückblickend keine schlechte Idee, denn leistungsstarke SUV entwickelten sich gerade international zu Trendsettern. Aus Kostengründen sollte das intern LM003 Borneo genannte Fahrzeug zwar in Italien entwickelt, aber in Indonesien gebaut werden; bei der Antriebsquelle dachte man an einen vorhandenen, aber bisher nie zum Serieneinsatz gekommenen Zehnzylinder (siehe Seite 48).

1995 zeichnet Zagato einen LM003. Es gibt auch Pläne für eine Militärausführung

Den Auftrag, diesen neuen LM einzukleiden, erhielt Zagato in Terrazzano di Rho nahe Mailand, bekannte Entwürfe datieren mit November 1995. Der damals neue japanische Chefdesigner Norihiko Harada hatte eine fünftürige, unverwechselbare Karosserie gezeichnet, die kantige LM-Elemente gekonnt mit weichen Übergängen kombinierte. Leider verharrte das Auto im Stadium eines 1:1-Modells, während sich Offroad-Fan Tommy Suharto vorsorglich zwei LM002 in England zu Rechtslenkern umbauen ließ. Ende 1997 litten die Indonesier unter einer südostasiatischen Finanzkrise, mussten plötzlich viel Geld sparen – und stoppten den LM003. Parallel wurde ein Käufer für Lamborghini gesucht und auch gefunden; der Handel mit der Volkswagen-Tochter Audi vollzog sich Mitte 1998. Es folgten Millionen-Investitionen in die Zukunftsfähigkeit des Unternehmens, die Serienvorbereitung des Diablo-Nachfolgers sowie Planungen für ein knackiges Einstiegsmodell – weitere Baureihen hatten da zunächst keine Chance.

Ganz aus den Augen verlor man einen möglichen Offroader jedoch nicht; im Herbst 1998 veröffentlichte die italienische Presse entsprechende Vermutungen. Tatsache ist, dass Audi- und Lamborghini-Vorstand Franz-Josef Paefgen im Frühjahr 1999 über einen Geländewagen mit Lamborghini-Motor nachgedacht hatte und den frisch gekürten neuen Lambo-Präsidenten Giuseppe Greco beauftragte, mit dem Geländewagen- und Motorenhersteller AM General in den USA Kontakt aufzunehmen. Paefgen erinnert sich: »Damals boomte der SUV-Markt, gleichzeitig brauchten wir dringend etwas Neues für den Vertrieb. Da kam ich auf den Gedanken, einen Hummer zu nehmen und unseren V12-Motor einzubauen. Es sollte ein exklusives Gemeinschaftsprodukt werden, das beide Marken verkaufen konnten. Die Hummer-Leute waren von dem Vorschlag sehr angetan. Die technische Herausforderung bestand darin, den Lambo-Antrieb zu integrieren. Eine Lederausstattung oder aufwendigere Lackierung wären kein Problem gewesen und auf dem Heck sollte `Hummer powered by Lamborghini´ stehen.« Mit einem Lambo-Hummer hätte sich der Kreis zum Cheetah geschlossen (siehe Seite 58ff.), doch es kam letztlich anders: Ende Juni stieg General Motors bei Hummer ein, verpasste dem Auto die Zusatzbezeichnung H1 und brach die transatlantischen Verhandlungen ab. In den Staaten grassierte inzwischen der Hummer-Hype und da mochte man ungern teilen. Stattdessen entwickelte GM nun eine ganz neue, etwas kleinere Baureihe: Der H2 sollte 2003 mit über 320 PS starkem Sechsliter-V8-Motor auf den Markt kommen.

Weitere Lamborghini-Offroad-Pläne schienen damit begraben, doch inoffiziell wurde weiterhin an dem Thema gearbeitet, und es gelangten Interna an die Presse. Die verbreiteten nach der Gallardo-Präsentation im Jahre 2003 erneut Gerüchte bezüglich eines sportiven SUV: Selbst Maserati hatte Anfang des Jahres eine von Giugiaro entworfene Softroader-Studie namens Kubang ins Rampenlicht geschoben – warum also nicht auch Lamborghini? In Sant´Agata wurden solche Meldungen nur indirekt kommentiert: Bei der Präsentation des Murciélago Roadster im Frühjahr 2005 stand – für alle Journalisten sichtbar – ein markantes Offroad-Massstabsmodell im damals ganz neuen Centro Stile. Darauf angesprochen zeigte Luc Donckerwolke, seinerzeit Lambo-Chefdesigner, ein gleichermaßen zufriedenes wie vielsagendes Lächeln.

Doch noch war Audis italienische Tochter nicht bereit, gab es in Sant´Agata Bolognese andere Prioritäten. Ende April 2012 war es dann endlich soweit: Während der Auto China in Peking präsentierte Lamborghini ein Urus getauftes Konzeptfahrzeug, und zahlreiche positive Reaktionen unterstützten die Entscheidung, eine dritte Baureihe auf den Weg zu bringen.

Dieser markante LM-Entwurf (mit mondäner Sitzgruppe auf offener Ladefläche) entsteht 2005 im Lamborghini Centro Stile

URUS

A Star is born

Das Urus-Konzept und die Folgen

Peking, 23. April 2012 Auf der Auto China enthüllt Automobili Lamborghini an diesem Montag eine SUV-Studie mit Namen Urus. Wie die dreieinhalb Jahre zuvor in Paris gezeigte Limousinen-Studie Estoque weist auch der Urstier fünf Türen sowie vier Sitze auf. Kennern ist klar: Die Italiener denken an eine dritte Baureihe, sind sich aber noch nicht sicher, in welchem Segment die positioniert werden sollte. Deshalb eine zweite Studie, und mit ihr treffen sie beim internationalen Publikum voll ins Schwarze: Der Urus avanciert zum Messestar und schlägt auch im Internet hohe Wellen. Hype oder Hero?

Das von Filippo Perini hinreißend gezeichnete Einzelstück geht kurz darauf auf Welttournee, um weitere Reaktionen auszuwerten. Das Ergebnis spricht bis heute für sich – die Daumen (und Kameras) gehen überall nach oben! Jeder möchte wissen: Wann kommt denn das Serienmodell? Es ist die Gretchenfrage, denn Lamborghini hat bis dato weder die technische Basis noch eine Produktionsstätte. Zunächst gilt es, einen Businessplan zu definieren, und das wird Jahre dauern. Schließlich ist es der Auftakt zum vielleicht ehrgeizigsten Projekt der (niemals langweiligen) Markengeschichte.

23.04.2012
00:14
0
20
40
60
80
100
120
150
180
210
240
270
300
330
195
km/h
Benzina
Temp. Acqua
Giri / min x 1000
0
1
2
3
4
5
6
7
8
9
Giri

Stephan Winkelmann, Lamborghini-Präsident von Ende 2005 bis Anfang 2016, ist der geistige Vater des Urus. Ein halbes Jahr nach der Weltpremiere präsentiert er die Studie während der Monterey Car Week in Pebble Beach

Die Studie gefällt derweil nicht nur Arnold Schwarzenegger…

Panasonic
McLAREN AUTOMOTIVE

HARLEY-DAVIDSON

Canon

SAMSUNG
YOKOHAMA
CLUB d'ELEGANCE

Zufriedene Gesichter: Lamborghinis technischer Direktor Maurizio Reggiani und Urus-Designer Filippo Perini 2012 in Kalifornien

Lamborghini
URUS

URUS

Gib mir die Kante!

Seit etwas mehr als zwei Jahren ist Mitja Borkert Chefdesigner bei Lamborghini und verantwortet damit die wichtigsten Phasen der Urus-Formwerdung

Von Ende 2015 bis zum Frühjahr 2017 – das sind stark zwei Jahre. Rechnet man nicht sechs Jahre von null bis zum komplett neuen Modell?
Natürlich hatte Filippo Perini *(Borkerts Vorgänger als Brand and Design Director Lamborghini, danach Chief of Car Design bei Italdesign, Anmerkung des Autors)* bis dato schon Wichtiges geleistet, und ich stand vor Modellen, die komplette Entwürfe einer radikal neuen Art von Geländewagen zeigten.

Und die waren nicht gut und wurden von Ihnen im Handstreich gekippt?
Nein, das stimmt so natürlich nicht. Weder waren Filippos Entwürfe schlecht, noch entspräche ein solches Vorgehen dem Unternehmensstil in Sant´Agata oder gar des ganzen Konzerns.

Was geschah also konkret?
Der seinerzeitige Präsident und CEO, Stephan Winkelmann, bat mich um meine Meinung. Ich habe mir die Entwürfe daraufhin angesehen und an Stellen, wo man noch eingreifen konnte, versucht zu optimieren.

Insofern ein Eingriff in Teilen...
Sagen wir mal, es gab Schwerpunkte.

Wo genau?
Ich hatte weitgehende Möglichkeiten, bei Front und Heck eigene Vorstellungen zu verwirklichen. Die Definition des Mittelteils war dagegen so gut wie abgeschlossen.

Ihre Arbeit fand zu Zeiten statt, als Stefano Domenicali das Szepter bei Lamborghini übernommen hatte?
Das ist richtig. Stefano, der etwa ein halbes Jahr nach mir zu Lamborghini kam, und ich haben uns von Anfang an sehr gut verstanden und sprachen bei der Interpretation des Urus-Konzepts eine Sprache. Gemeinsam konnten wir in Sachen Optimierung Vollgas geben.

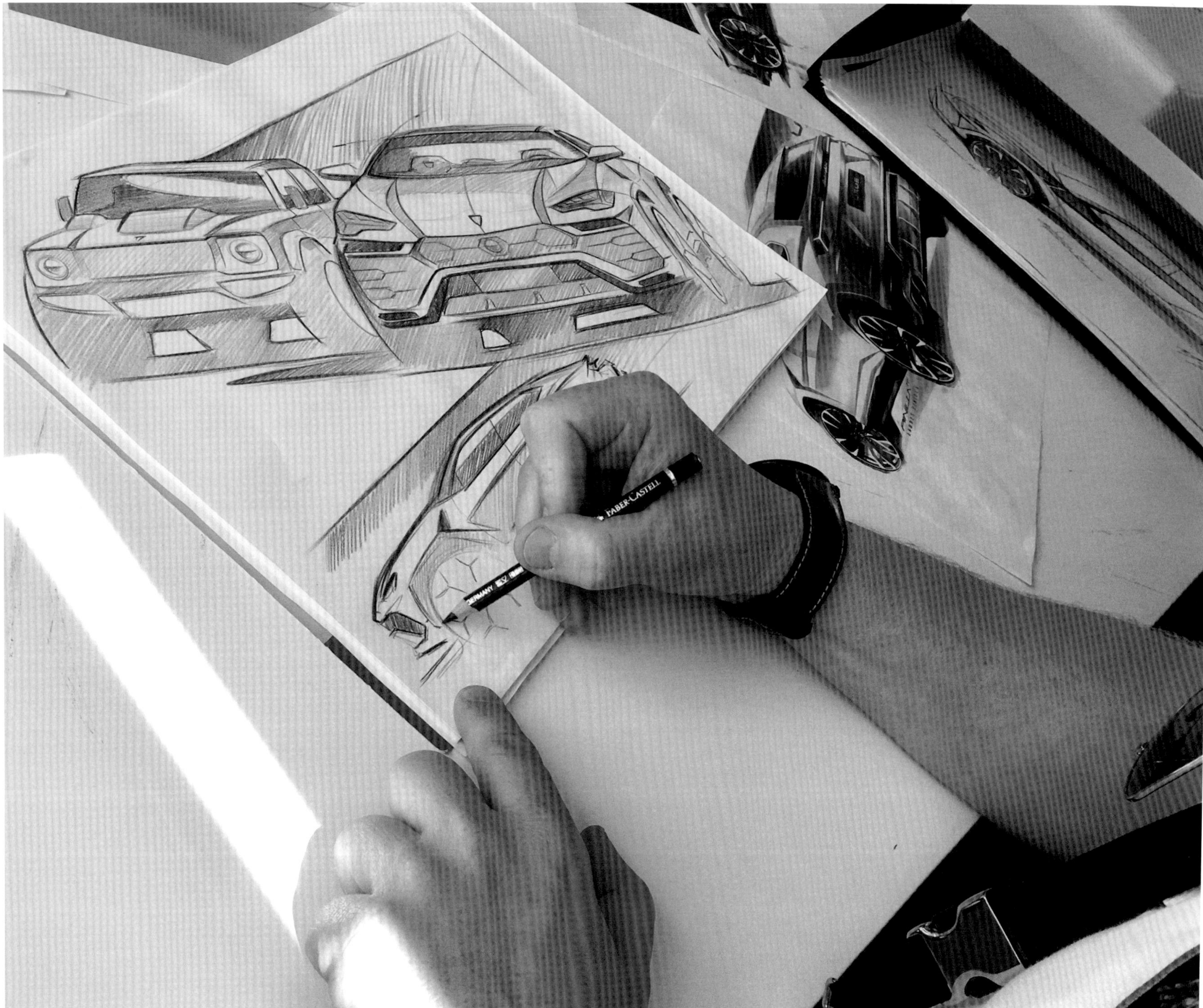
FABER-CASTELL
GERMANY

Ging das denn so einfach?
Schauen Sie sich den Urus doch an. Ich bin schon der Meinung, dass wir da etwas sehr Außergewöhnliches erreicht haben. Das Auto wirkt wie aus einem Guss und folgt trotzdem der Konzeptvorgabe unter dem Motto *expect the unexpected*. Ich schätze Filippo als wichtigen Designer, der eine ganze Reihe herausragender Entwicklungen bei Lamborghini mitgeprägt hat. Dementsprechend sensibel bin ich mit dem, was in den Jahren zwischen 2012 und 2016 entstand, umgegangen und habe jedweden Vorschlag meinerseits über einen gedanklichen Prüfstand laufen lassen. Nur wenn er dem standhielt, schaffte er den Weg in die weitere Diskussion und eine mögliche Umsetzung.

War denn für ein so reflektiertes Vorgehen mit ständiger Abwägung des Für und Wieders noch genügend Zeit?
Sicher. Man muss sich vorstellen, dass der eigentliche Design Freeze für Oktober 2016 vorgesehen war. Insofern blieben mir zehn Monate für meine Arbeit. Da kann man schon einiges machen.

Was bedeutet denn dieser unter Gestaltern oft verwendete Ausdruck Design Freeze?
Man versteht darunter den Moment im Produktdesign, da die wichtigen Elemente der Gestaltung – Form, Materialien, Farben – nicht mehr verändert werden.

Und dieser Moment liegt jetzt eineinhalb Jahre zurück?
Ja, so etwa.

Bei Mitja Borkert ist Faszination Teil seines Amtes. Er lebt, was er tut und macht Design zum Erlebnis. Ein Beispiel: Er übernimmt ein Stück Inszenierung anlässlich der Modellvorstellung des Urus (April 2018) in und um die Rennstrecke von Vallelunga in der Nähe von Rom.
Während wir diskutieren, sitzt er vor einem weit ausladenden Zeichenpult im Meeting Center des Circuit Piero Taruffi und nutzt Stift und Farbe zur Visualisierung seines SUV-Konzepts. Es ist ein Konzept, das nicht nur Lamborghini-Fans zum Schwärmen bringt. Borkert visualisiert überzeugend, und man versteht mit jeder Skizze besser, was den Designer treiben muss, um am Ende für ***die*** *Überraschung des überreichen SUV-Markts zu sorgen.*
Woher stammt seine Begeisterung für Automobile auf vier Rädern? Mitja Borkert holt weit aus und erzählt von seiner Kindheit in der DDR, von früher Faszination für alles, was fährt, besser alles, was rennt. Inspirationshilfen holte sich der 12jährige Mitja in den achtziger Jahren – geboren wurde er 1974 – beim in der DDR erscheinenden Magazin AUTOJAHR. Wobei dessen Themenspektrum gleich hinter Lada und Wartburg endete. Da waren west-orientierte Publikationen, die der ältere Bruder aus Ungarn mitbrachte, schon besser und weckten mit amerikanischen oder in Italien kreierten Sportwagen den Wunsch des frechen Youngsters, hier eines Tages selbst mit Hand anlegen zu dürfen. Mit dem Zeichnen hatte er längst begonnen. Abitur oder gar Studium war nicht, dafür erachtete der Stasi-Schulverantwortliche die Noten als zu schlecht, und eine überlange Verpflichtung in der NVA als Katalysator zu

Familienbande: Lamborghini verweist auf markentypische Designmerkmale

nutzen, kam für Mitja Borkert nicht in Frage. Glück gehabt, dass justament die Mauer fiel. Gymnasium und Abitur wurden real, und auch die früh begonnene Zeichenmappe hatte Jahr für Jahr an Substanz gewonnen. Pasadena, Kultstätte internationalen Car Designs, blieb dennoch mangels finanzieller Mittel ein Traum. Dafür war die Hochschule in Pforzheim mit seiner Fakultät für Gestaltung für den ehemaligen Jungen von drüben zur greifbaren Möglichkeit geworden.

Wie war das, wie ging es in Pforzheim voran?
Meine Sammlung an Zeichnungen und Entwürfen, die ich an die Pforzheimer Fakultät geschickt hatte, reichte immerhin für die Einladung, mich dort persönlich vorzustellen. Die Hochschule für Gestaltung bietet ein breites Spektrum von Mode bis Industrial Design an, und dementsprechend sieht man sich bei der Eignungsprüfung Aufgaben wie Zeichnen eines Baumes, eines Regenschirms oder auch eines Torsos gegenüber.

Nicht unbedingt Ihre zeichnerischen Spezialgebiete...
Stimmt, aber was will man machen? Immerhin zog es mich in einer der Pausen ins Transportation Design, und da brauchte es nicht viel, um mir klar zu machen: »Mensch, Mitja, da gehörst du hin. Da riecht es nach Clay (Ton), aus dem sich diese wunderbaren Modelle formen lassen. Da drüben hockt ein Marc Lichte *(heute Audi Chefdesigner, Anmerkung des Autors)*, der bereits an einem richtigen Modell arbeitet und – ganz wichtig – ist denn nicht auch die Firma Porsche ganz in der Nähe?«

Verstanden. Porsche in Weissach liegt ja wirklich nur 30 Kilometer von Pforzheim entfernt. Das hat geklappt?
Ja, es hatte gereicht. Am Abend, nach der Verkündung der Ergebnisse, war klar, dass ich in Pforzheim anfangen durfte. Und sogar der frühe Gedanke an Porsche hat sich schneller erfüllt, als zu erwarten war.

Ein weiterer Katalysator?
Wenn man so will. Wenngleich dazwischen das Studium lag, bis es zum entscheidenden Kontakt mit Harm Lagaay kam. Stephan Stark, der das Interieur des Boxster Showcars gemacht hat, übernahm in der Schule so etwas wie die Rolle eines Mentors. Irgendwann meinte er: »Kannst du mir mal deine Mappe mitgeben? Ich möchte Herrn Lagaay vorschlagen, dass du bei uns ein Praktikum machen kannst.« Daran erinnere ich mich noch genau. Wir hatten in der Schule eine Ausstellung, und draußen fuhr der 911er mit Harm Lagaay am Steuer vor. Eine an sich schon beeindruckende Erscheinung: Groß, markantes Gesicht, Chefdesigner bei Porsche – für uns wie ein Halbgott. Ja und der kam dann auf mich zu und bot mir den Praktikumsplatz an. Wow, super – aber eine wirkliche Herausforderung. Was für ein Potenzial, was für eine Konkurrenz? Ich würde mich bis heute nicht als den besten Skizzierer bezeichnen oder gar als den besten Designer. Allerdings war für mich die Frage »Wo liegt denn die Messlatte?« immer wichtig. Das grundsätzliche Bemühen, im Fluss zu bleiben, den Blick nach vorne, das Optimieren der eigenen Fähigkeiten, das war mir immer wichtig.

Und hat das Lagaay gefallen?
Weiß ich nicht. Meinen Hang zum Widerspruch und den Trend zur Anti-Haltung habe ich mir wohl noch aus DDR-Zeiten erhalten. Harm Lagaay interpretierte das anscheinend als Potenzial freien Denkens und fand das nicht schlecht.

Wie hat er das formuliert?
Er sagte: »Du bist ein bisschen anders, nicht immer *straight ahead*, manchmal auch widersprüchlich – aber mit erkennbarer Lernkurve. So einen habe ich hier noch nicht.« Für die Chance, die er mir dadurch bot, bin ich ihm ewig dankbar. Die Verbindung zu ihm währt übrigens bis heute.

Die eigentliche Entfaltung Mitja Borkerts als Designer mit Verantwortung fällt dann in die Ära Michael Mauers, Designchef bei Porsche seit 2004. Da beginnt Borkerts Karriere erstmals Fahrt aufzunehmen und passiert als wichtige Stationen: Facelift Boxster, zweite Cayenne Generation mit verschiedenen Modell-Varianten von der Basis-Version bis zum Turbo, Concept Car für die Panamera Gran Tourismo-Vorstellung in Paris 2012. Schließlich folgt als erstes Highlight der Macan. Man spürt im Gespräch, dass der elegante Porsche SUV den Designer bis heute mit Stolz erfüllt. Der Macan spielt für ihn die Rolle des Marschall-

stabs im Tornister, was sich in Weissach durch den Titel Head of Exterior Design ausdrückt. Gegen Ende seiner Zeit bei Porsche arbeitet er am Mission E, dem Electro Concept Car der Schwaben. Auch das ein Schritt Richtung mehr Verantwortung, bedeuten Konzeptionen in die Zukunft und Markenstrategie immer den Direktkontakt und Gedankenaustausch mit der »obersten Heeresleitung«, in diesem Fall mit dem Porsche-CEO Matthias Müller. Borkert: »Ich stand, was Porsche anbelangt, am Ende meiner Möglichkeiten. Chef-Designer konnte ich nicht werden.«

Stimmt es, dass sich Walter de Silva bei Ihnen meldete?
Es stimmt, dass der Design Chef des Konzerns auf meine Arbeit aufmerksam geworden war und mir den Posten bei Lamborghini anbot. Glück, Schicksal – man nenne es, wie man will. Jedenfalls war es wieder einmal die richtige Aktion zum richtigen Zeitpunkt.

Nach über zehn Jahren darf man als eingefleischtes Porsche-Gewächs gelten. Von der Design-Philosophie her könnten die beiden Marken Porsche und Lamborghini nicht unterschiedlicher sein. Mehr oder weniger starke Anpassungsschwierigkeiten sollten nicht wundern?
Sie gestalteten sich kleiner, als man erwarten sollte. Schließlich basieren beide auf einem extrem hohen Grad an Sportlichkeit. Nur der Weg dahin verläuft anders. Bei Porsche spielt stete Evolution auf einer gesicherten Erfahrungsbasis die wichtigste Rolle. Lamborghini definiert sich immer radikal neu. Nochmal: *Expect the unexpected.* Dieser Ansatz führt zurück bis zu Ferruccio Lamborghini, der bereits kurz nach seinem Sportwagen-Erstling, dem 350GT, ein Auto wie den Miura auf die Räder stellte. Unexpected, mehr noch, Sportwagen-Design wie eine Revolution. Und das Beste dabei: Ferruccio hörte damit nicht auf; nein, er setzte gleich noch einen drauf, gab den jungen Wilden, Dallara, Stanzani und Gandini, nur wenige Jahre später grünes Licht für den Countach. So entstand eine Textur für Lamborghini, die bis heute nachwirkt.

Das klingt nach so etwas wie Design-Extase, ein Plädoyer für *future shape meets standing innovation*. Welche Rolle spielt da ein Modell wie der Urus? Und hat er die Kraft, all jene Lügen zu strafen, die Lamborghini in die Ecke eines Kleinserien-Herstellers drängen wollen?
Um es in der Sprache der Jugend auszudrücken: Der Urus ist der coolste SUV, den man momentan kaufen kann. Er ist der schönste, der exotischste. So etwas wie der Löwe unter allen Autos dieser Gattung. Er ist der flachste, der breiteste, zeigt die extremsten Proportionen.

Sie haben einmal gesagt, Lamborghini hätte die stärkste Design-DNA in der automobilen Welt. Wenn Sie schon die

»HABEN AUTOS EINE SEELE?
SPRECHEN WIR LIEBER VON EINEM CHARAKTER«

Latte so hoch legen: Wie lautet da Ihre Erklärung?
Wenn sich Gestaltungslinien einfach zeichnen lassen und trotzdem ein Modell unverwechselbar aufs Blatt bringen, ist der Wagen meistens gut. Klar in den Grundlinien, extrem in den Proportionen. Greife ich eine Countach-Seitenlinie heraus und zeichne sie mit zwei, drei Strichen, wird selbst mein zweijähriger Sohn mit: »Papa, Lamborghini« reagieren. Oder nehmen wir jemanden mit Rang und Namen. Nehmen wir Einstein: »Wenn ich es nicht einfach erklären kann, habe ich es nicht richtig verstanden.« Bei Ferrari oder McLaren könnte man unter dieser Prämisse in Schwierigkeiten kommen.

Trifft das nicht auch für den Urus zu? Treten wir drei Schritte zurück, dann sehen wir uns einer der komplexesten Linienführungen gegenüber, die die Sportwagenwelt augenblicklich hergibt.
Aber mit einer DNA, die bis zum LM zurückreicht. Wirkte der noch wie mit dem Lineal gezeichnet, haben wir dem Ganzen einfach mehr Winkelformen gegeben. Einige dynamisierte Winkeleinschläge aus dem Countach findet man wieder. Das Ypsilon in der Form eines Hexagons gehört zu den ganz wichtigen Detail-Strukturen, die an vielen Stellen auftauchen. Dieses grafische Element stammt bereits aus den 60er-Jahren. Schauen Sie auf das Heck am Citroën SM. Oder auf die Mittelkonsole am Marzal. Oder das Heckgitter am Miura. Aktuell haben wir es auch beim Gallardo, beim Reventon und beim Aventador verwendet.

Wir haben anfangs darüber gesprochen, an welchen Stellen des Designs Sie persönlich am stärksten eingegriffen haben, und Sie haben auf die Front und das Heck hingewiesen. Können Sie exaktere Beispiele nennen?
Nehmen wir die Haube. Sie war zuvor höher und noch mächtiger. Sie wurde verschlankt und erhielt so noch mehr Dynamik. Beim Heck implizierten wir eine zusätzliche Abrisskante und gaben der Heckpartie insgesamt eine komplexere Struktur. Die Vielzahl der Linien, optische Wucht, die ein SUV mitbringt, die Erfordernis, trotzdem sportlich elegant zu wirken, der lange, hohe Wagenkörper, das Vermeiden des visuellen Wegbrechens des Hecks – es gibt einfachere Aufgaben für das Design. Es war fast so etwas wie ein Kunststück...

Der Designer ein Künstler. Würden Sie Design zu den Kunstgattungen zählen?
Unsere Arbeit nur über den Kunstbegriff zu definieren, wäre mir zu eindimensional. Der Vorgang ist insoweit komplizierter, als wir gehalten sind, ein verkaufsfähiges Produkt zu schaffen, und da unterwerfen wir uns zumindest in Teilen auch dementsprechenden Erfordernissen. Was wir tun, muss gefallen, muss Emotionen erahnen und treffen. Der Künstler ist da freier. Als Gestalter sind wir auch so etwas wie ein Teil der Strategie.

Form follows function?
Nein, nicht nur: Es funktioniert auch umgekehrt. *Function follows form*. Man muss wissen, wann und an welcher Stelle man den richtigen Hebel ansetzt.

Das Interview führte Dermo S. Kane

Come Together
VIEW
Strada
Sport
Corsa
Sabbia
Terra
20.5
A/C
ANIMA

Lamborghini

Mehr Platz war nie: Den Urus gibt es wahlweise mit vier oder fünf Sitzen

Boa eh! oder ein Schwein für Frank

Individualisierung ab Werk heißt bei Lamborghini seit 2016 Ad Personam

Ist es wirklich nötig, einen Lamborghini mit Sonderausstattungen aufzupeppen? Diese etwas ketzerische Frage ist berechtigt, weil schließlich alle Autos aus Sant´Agata bereits von Geburt an sehr extraordinär sind. Zusätzliche Verzierungen wirken da eher wie eine übersüßte Nachspeise...

Tatsächlich ist das Gegenteil der Fall: Gerade das Besondere wird durch eine hinzugefügte individuelle Note zu etwas Einzigartigem! Das gilt für Automobile ebenso wie für elitäre Möbel oder die meisterhafte Veredelung bereits hochpreisiger Armbanduhren. Männer von Welt tragen schließlich nicht nur Maßanzüge, sondern gerne auch das passende Einstecktuch – oder eine Blume am Revers.

So hielt es auch Frank Sinatra, der italienische Wurzeln besaß und folglich alles mochte, was aus Südeuropa kam, dazu vier Räder hatte und außergewöhnlich schnell war. An mangelndem Selbstbewusstsein litt der weltbekannte US-Entertainer ohnehin nicht, und als er 1969 einen orangefarbenen Miura S erwarb, rechtfertigte er das mit den Worten: »Du kaufst dir einen Ferrari, wenn du jemand sein willst. Und einen Lamborghini, wenn du jemand bist.« In der Tat war die erst sechs Jahre zuvor gegründete Vollblut-Marke auf dem Weg, eine feste Größe im internationalen Jetset zu werden, und Sinatras Bekenntnis stand dem kaum entgegen. Es ist gelegentlich zu lesen, dass *Ol' Blue Eyes* knalliger Lambo innen mit Schlangenhaut ausgekleidet gewesen sein soll – ein phonetisches Missverständnis. Tatsächlich handelte es sich nicht um Boa, sondern *Wild Boar*, also Wildschweinleder. Letzteres stimmt und belegt, dass die Verwirklichung individueller Kundenwünsche fast so alt ist wie Lamborghini selbst.

Auch in den darauf folgenden Jahren und Dekaden hat es diverse Sonderanfertigungen gegeben. Die Mehrzahl geriet sagenhaft – doch manche waren dagegen so scheußlich, dass man bis heute kaum glauben möchte, dass sie tatsächlich schon ab Werk installiert wurden. Es will in diesem Zusammenhang erwähnt werden, dass Lamborghini in den mageren 70er- und 80er-Jahren fast alles verbaute, was Geld versprach. Und diese Tristesse ist

LAMBORGHINI
MODE
AIRBAG

AD PERSONAM

CENTRO STILE
IN Q7200

63
PERTAMINA
PIRELLI
OMP
Lamborghini

angesichts der heutigen kontinuierlichen Produktionssteigerungen beinahe vergessen. Geschmackliche Entgleisungen will man sich ohnehin nicht mehr leisten – und gründete bereits 2006 die hauseigene Sonderabteilung Ad Personam. Sie geht seither nicht nur auf ausgefallene Kundenwünsche ein, sondern lenkt diese bedarfsweise auch in eine passende Richtung – oder macht selbst passende Vorschläge.

Zu den gelungenen Beispielen früherer Jahre gehört die Nera genannte, 2006 lancierte Kleinstserie des Gallardo. Spezielle Karbon-Pakete, Lack- und Ledersorten sind seither ebenso verfügbar wie spezielle Sonderausstattungen und natürlich lassen sich auf Anfrage auch ältere Lambo-Modelle behandeln. Seit Mitte 2016 residiert das Personalisierungsprogramm in einem eigenen Studio, welches der Designabteilung unterstellt ist. Lamborghinis oberster Stil-Wächter Mitja Borkert wacht mit seinem finalen Votum darüber, was hier realisiert wird und was besser nicht. Während wir so darüber nachdenken, fallen uns auch für den Super-SUV ein paar Kleinigkeiten ein. Noch ist Zeit genug: Das Ad-Personam-Programm für den Urus startet erst 2019.

Benchmark in vielen Bereichen

Der Weg war lang, doch das Ergebnis macht ihn stolz: Technik-Vorstand Maurizio Reggiani plaudert aus dem Nähkästchen

Maurizio, ein großer Moment für Lamborghini, aber auch für dich: Wir fahren Serien-Urus!
(lacht) Ja, es ist wahr geworden! Und die Fahrvorstellung hier in Vallelunga ist tatsächlich ein Thermometer für die ersten Reaktionen außerhalb des Unternehmens – wie fühlt sich der Urus eurer Meinung nach an, auf der Straße, der Rennstrecke und Offroad? Jetzt entscheidet sich, ob wir das Ziel erreicht haben oder ob es noch Abweichungen gibt. Die Feedbacks – alleine von heute – waren allerdings phantastisch: Was wir versprochen haben, wurde hier von Fachjournalisten aus aller Welt ohne Einschränkungen bestätigt, und das macht mich sehr glücklich.

Der Urus ist die vierte Lambo-Baureihe, für die du verantwortlich zeichnest...
Ich weiß nicht genau...

Zählen wir mal nach: Seit 1998 bist du dabei, Murciélago 2001, Gallardo 2003, Aventador 2011, Huracán,...
... die fünfte.

Die fünfte! Und eine, die dich seit dem Debüt der Urus-Studie in Peking im April 2012 begleitet hat: Warum hat es so lange gedauert?
Weil es Lamborghini-intern eine große Diskussion gegeben hat, auch innerhalb der Gruppe: Was ist die richtige Wahl für Lamborghini – eine viertürige Limousine oder ein SUV? In letzterem Fall galt es dann zu prüfen, ob in der Volkswagen-Gruppe die Gefahr einer Kannibalisierung bestehen könnte, was einen SUV von Lamborghini auszeichnen, also welche DNA er haben müsste? Alle diese Punkte zu debattieren, war nicht einfach, es waren schwierige Entscheidungen. Bis es grünes Licht gab, waren bereits zwei Jahre vergangen.

Parallel gab es zudem andere Projekte, der Huracán war für 2014 terminiert...
Ich denke, es war keine Frage von Ressourcen oder von Leistungsfähigkeit – es ging ganz einfach um eine klare Entscheidung. Du musst dir dabei auch die Themen vorstellen, allein: Wo sollte das Fahrzeug gebaut werden?

Für uns stand außer Frage, dass dies in Sant´Agata geschehen musste! Lamborghini ist eine Luxusmarke *made in Italy*, das hat Priorität für jedes unserer Produkte. Auch davon wollte unser Gesellschafter erst einmal überzeugt werden. Und es brauchte dessen Zustimmung, eine Riesen-Investition zu tätigen, denn wir mussten praktisch ein ganz neues Werk bauen – nicht nur die Gebäude, sondern auch eine komplexe Logistik, dazu eine zusätzlich hohe Zahl an Fachpersonal. Dies alles von Grund auf zu tun, ist eine gewaltige Aufgabe gewesen; es ist wichtig, das zu wissen und zu verstehen. Für uns bei Lamborghini begann es mit einem weißen Blatt Papier und einer grünen Wiese.

Und sicher auch extremer als bei anderen SUV-Modellen des Volkswagen-Konzerns, die auf vorhandene Infrastrukturen zurückgreifen konnten...
Ganz genau. Und für Lamborghini geht es um sehr viel, die eigenen Erwartungen sind hoch – wir wollten ganz einfach Benchmark werden in so vielen Bereichen. Kein leichtes Unterfangen – auch zu beweisen, zu demonstrieren, dass wir das Versprechen einlösen können! Es zu garantieren. Ich denke, es war auch die bisher größte Herausforderung meiner Karriere, nicht weniger als Klassenbester zu sein – in punkto Leistung, Fahrdynamik, Emotion. Allein die Aussage ist sehr stark, und darüber hinaus wollten wir auch bei der Ergonomie, dem Raumangebot, der Technologie oder Connectivity Zeichen setzen. Und es hat bei der Planung natürlich viel Gesprächsstoff gegeben, auf welche Weise wir das alles zu erreichen gedenken – zumal alles in reinem Lamborghini-Design daherkommen sollte. Allein das war anspruchsvoll. Erst wenn sich dieser Kreis schließt, wenn der Anforderungskatalog erfüllt und jeder davon überzeugt ist, dass es ein echter Lamborghini wird, erst dann kann man anfangen. Das wohlgemerkt ohne Auto zum Ausprobieren, sondern mit nichts als Simulationen davon!

Wann hat die Entwicklung konkret begonnen?
Im Oktober 2014.

Wie viele Vorserien-Prototypen wurden gebaut?
Ich glaube, es waren über 140. Wir hatten ja auch ein strammes Testprogramm, von Südafrika über den Mittleren Osten nach China, Amerika, Lappland, Deutschland, Spanien – und Italien, natürlich. Einige sind immer noch unterwegs und sammeln weltweit Kilometer um Kilometer in den unterschiedlichsten Bedingungen.

Sprechen wir über die Urus-Plattform MLB evo, die ja aus dem Konzernbaukasten stammt. Daran ist nichts Verwerfliches, jeder Automobilhersteller heute nutzt Synergien, ohne die auch ein Urus gar nicht möglich gewesen wäre. Umso bemerkenswerter ist – Stichwort Design – dass man die Verwandtschaft zu Audi Q7, Bentley Bentayga, Porsche Cayenne oder VW Touareg äußerlich so gut wie gar nicht erkennen kann. Wie ist dieses Kunststück konstruktiv gelungen?
Zuerst wäre hier zu erwähnen, dass es kein Fahrzeug auf Basis dieser Plattform gibt, das unsere Dimensionen hat: der Radstand, ein kurzer hinterer Überhang – ganz anders. Und was meiner Meinung nach bei der Design-Konzeption viel schwieriger gewesen ist, war das Erreichen der passenden Ergonomie. Allein die Sitzposition des Urus ist einzigartig, viel tiefer als bei jedem vergleichbaren SUV, viel mehr Supersport: Man sitzt unter der Gürtellinie hinter einem vertikal angeordneten Lenkrad, was ganz und gar nicht der üblichen SUV-Wahrnehmung entspricht. Das wiederum ermöglichte ein deutlich schärferes Design, dessen Silhouette von nur einer einzigen Linie definiert wird. Das Auto ist keine 1,64 Meter hoch, trotzdem ist sein Raumangebot üppiger als bei vielen anderen Premium-Modellen dieser Klasse – auf den Vordersitzen finden bis zu 2,05 Meter große Personen Platz, hinten passen immer noch

»WIR MUSSTEN PRAKTISCH EIN GANZ NEUES WERK BAUEN. ALLES VON GRUND AUF ZU TUN, WAR EINE GEWALTIGE AUFGABE«

1,90 Meter. Die richtige Position zu finden, war ein enormer Aufwand; es ist nicht einfach, das auf Basis einer existierenden Plattform zu tun, doch genau das haben wir gemacht.

Tiefer als alle anderen – bedeutet das gleichzeitig Abstriche bei den Offroad-Fähigkeiten?
Wir definieren das ganz klar: Der Urus soll Klassenprimus sein beim Handling, dem Design und den Emotionen. Und wir wollen zu den Offroad-Besten gehören – zur Gruppe der Fahrzeuge mit den besten Geländeeigenschaften! Uns ist gleichzeitig bewusst, dass es da geometrische Kompromisse gibt und konstruktive Parameter, die wir nicht erreichen können. Bedeutet: radikale Rampenwinkel oder beispielsweise eine Bodenfreiheit, die nur beinharte Geländewagen bieten können. Dennoch, dank einer Luftfederung oder dem Offroad-Paket erreichen wir Werte, die den Urus in die Offroad-fähigste SUV-Kategorie heben. Gleichzeitig erlaubt unsere spezielle Hinterradbremse eine in dieser Klasse bisher unerreichte Dynamik.

In Verbindung mit der Allradlenkung...
... die zur Serienausstattung gehört. Die einzige Urus-Option ist das Gelände-Paket mit anderer Bugschürze für einen besseren Rampenwinkel sowie dem zusätzlichen Unterfahrschutz.

Gibt es spezielle Geländereifen?
Man kann zwischen verschiedenen Pirelli-Modellen wählen, die alle extra für den Urus entwickelt wurden. Für mehr Gelände passt vielleicht der Scorpion am besten, der sich aber auch für die Standard-Konfiguration eignet.

Zu den Urus-eigenen Spezifika gehören neben der Allradlenkung...
... die gibt es glaube ich auch im Bentley Bentayga...

... okay, was gibt es nur im Lambo?
Es geht gar nicht darum, was wir alles nutzen, sondern wie wir es nutzen. Zum Beispiel hat der Urus sämtliche Zutaten zur Chassis-Kontrolle an Bord, die es derzeit gibt.

Gleichzeitig ist der Urus das leichteste aller Konzern-Geschwister.
Ja.

Wie wurde das erreicht?
»State-of-the-art« ist sicherlich die Tatsache, dass sich Stahl weitgehend nur im Urus-Unterboden findet, was den niedrigen Schwerpunkt unterstützt. Dazu kommt, dass die meisten Karosserieteile aus Aluminium bestehen, sehr steif ausgeformt sind und auf eine Weise gepresst werden, die viele zusätzliche Verstärkungselemente überflüssig macht. Außerdem ist der Urus der einzige SUV mit rahmenlosen Seitenscheiben, vorne wie hinten, was Pfunde eingespart und ebenfalls den Schwerpunkt abgesenkt hat.

Zu den Urus-Besonderheiten gehören auch die größten Räder, die es ab Werk zu kaufen gibt.
Ja, 23 Zoll, das bietet sonst niemand. Und es war gleichzeitig eine große Herausforderung, weil die Reifen den gleichen Umfang haben mussten wie in 22 und 21 Zoll. Das bedeutet eine dramatische Reduktion der Schulterhöhe des Reifens, weshalb wir mit Pirelli extra einen passenden

»DER URUS GEHT AUF DIE NORDSCHLEIFE UND ICH VERSPRECHE DIR: ER WIRD DER SCHNELLSTE SUV DER WELT SEIN«

P Zero entwickelt haben. Das garantiert den richtigen Komfort, aber auch die richtige Steifigkeit, um zu viel Stoßeinwirkungen zu vermeiden.

Natürlich sind auch Winterreifen erhältlich.
Ja, ebenfalls von Pirelli. Gemeinsam haben wir insgesamt 19 verschiedene Reifen entwickelt. Es gibt die drei erwähnten Größen und die jeweils als P Zero, P Zero Corsa, Scorpion und eben Winter. Sie sind bereits alle verfügbar.

Hinter den Rädern verbergen sich enorme Bremsen mit Zehnkolben-Monoblock-Sätteln sowie Karbon-Keramikscheiben – vorne mit sage und schreibe 44 Zentimeter Durchmesser, hinten sind es immer noch beeindruckende 37 Zentimeter.
Korrekt. Es ist das stärkste Bremssystem, das aktuell auf dem Markt ist. Zum Vergleich: Der Urus bremst besser von 100 auf Null als der erste Gallardo, den wir 2003 herausgebracht haben.

Vor fast genau 15 Jahren, übrigens auch hier in Vallelunga.
Ja, aber diese Verzögerung war damals selbst unter Supersportwagen außergewöhnlich. Und jetzt reden wir über ein Fahrzeug mit rund 2,2 Tonnen Gewicht, das schneller steht und weniger Strecke benötigt. Unter 34 Meter. Ein Riesenschritt in der Leistungsfähigkeit – und das serienmässig.

Lass uns über den Motor sprechen, den ersten Biturbo der Marke. Beeindruckender als die Leistung dieses V8 ist sicherlich sein schon früh verfügbares Drehmoment. Es ist gleichzeitig ein Aggregat, das bereits in anderen Konzernmodellen zum Einsatz kommt. Worin unterscheidet sich die Lambo-Ausführung?

Zunächst ist es der erste Turbo-Motor der Marke und der Grund dafür ist nicht, dass er verfügbar war. Es ist vielmehr so, wie du schon bemerkt hast: Herausragende Fahrleistungen gehören zur Aufgabe dieses Autos, also auch ordentlich Kraft bei niedrigen Drehzahlen. Nur ein Turbo kann das liefern. Bei den Komponenten haben wir genommen, was sich anbot: Zylinderblock, Bedplate und Ölwanne. Ausschließlich Lamborghini sind dagegen der Zylinderkopf, die Nockenwellen und Ansaugkrümmer, beide Turbos sowie das Abgassystem. Alles das wurde spezifisch und in Hinblick auf eine thermodynamische Maschine entwickelt, damit sie diese gewünschte Leistung erreicht. Als wir beispielsweise an den Turbos gearbeitet haben, entschlossen wir uns nicht nur für eine Platzierung zwischen den Zylinderbänken – die gab es bereits –, sondern auch für Twin-Scroll-Versionen, weil die das Turboloch weiter reduzieren.

Garrett?
Ja.

Nun gibt es Leute, die darauf hinweisen, ein Tesla S würde schneller auf Tempo 100 beschleunigen als der Urus.
Jaja. Es kommt aber immer darauf an, was man vergleicht. Was bedeutet vollelektrisch für Lamborghini? Intern thematisieren wir das natürlich, aber es gibt da bestimmte

Anforderungen. Zum einen muss ein solches Fahrzeug fähig sein, 300 km/h zu erreichen. Des Weiteren sollte es drei schnelle Runden auf der Nordschleife absolvieren können. Das ist das Ziel, wenn wir über einen vollelektrischen Supersportler reden. Würde es nur um bessere Beschleunigungswerte gehen, müssten wir lediglich die Getriebeuntersetzungen ändern.

Jeep sagt, das kommende Sondermodell Grand Cherokee Trackhawk mit 6,2-Liter-V8 und über 700 PS sei schneller als der Urus...
Das sagen sie. Wir werden es messen müssen. Unabhängig davon habe ich bereits angekündigt, dass der Urus diesen Frühling auf die Nordschleife geht, um offizielle Werte zu ermitteln. Und ich verspreche dir: Er wird der schnellste SUV der Welt sein!

Sound: Gibt es einen Flüstermodus, damit die Nachbarn in Ruhe weiterschlafen können?
Nicht nötig. Im Fahrprogramm Strada ist der Urus zivilisiert genug, um niemanden zu stören. Beim Start ist das Auto in keinster Weise aggressiv.

Wird es später eine lautere Auspuffanlage geben?
Im Zubehör irgendwo und von irgendwem, wahrscheinlich. Aber nicht von Lamborghini. Wir selbst sehen keine Veranlassung, die Schönheit des Biestes zu kontaminieren.

Zunächst einmal kommt das Modell auf den Markt; ab Herbst 2018 wird ausgeliefert. Darum ist es auch zu früh, die nächste Frage zu stellen, aber ich tue es trotzdem: Wird es Urus-Derivate geben?
Ich denke mal ja. Das ist schon seit langem Teil unserer Philosophie, und wir werden das auch beim Urus vorschlagen. Da wird später sicher noch etwas Spezifisches nachkommen.

Die Urus-Entwicklung war anstrengend und langwierig...
Es war das erste Mal, dass wir mit einer Konzernplattform gearbeitet haben. Jede Änderung daran, jede Ergänzung, die wir für den Urus vorschlugen, musste in erweiterter VW-Runde besprochen werden. Das bedeutete eine zusätzliche Komplexität für uns, und wir haben das auch gut hingekriegt, aber es war wirklich hart.

Wenn du heute auf diese Zeit zurückblickst – was ist die konstruktiv größte Herausforderung gewesen?
Die Kontrolle von Gewicht und Schwerpunkt. Die Vermeidung von Rollen und Nicken. Das war etwas, das uns viel Kopfzerbrechen bereitet hat. Wenn man das Auto heute fährt, ist das schwer zu verstehen. Aber wir haben uns lange damit beschäftigt.

Wenn man nur Supersportwagen gewohnt ist, die viel weniger wiegen... Gab es auch Sackgassen, wo ihr umkehren und neu ansetzen musstet?
Auf der Suche nach der besten Lösung erlebten wir Hochs und Tiefs. Wer das Beste erreichen will, stößt manchmal auf eine unüberwindbare Mauer. Sicher, das hat es mehrere Male gegeben.

Was mich zur abschließenden Frage führt: Was war, was ist der größte Glücksmoment für den Chefentwickler und sein Team?
Es gab ja diese Aufgabenstellung des Hauptaktionärs, in der wir garantieren mussten, dass der Urus die Gene eines Supersportwagens aufweisen würde. Das sagt sich leicht, ist in der Physik aber schwer zu realisieren. Als wir dann einen ersten Prototyp präsentieren konnten, der alle Eigenschaften aufwies, dann von den verschiedenen Verantwortlichen gefahren wurde und wir anschließend von allen gelobt wurden – das war exakt der Moment, in dem wir realisiert haben: Der Auftrag ist erfüllt!

Tour de Force

Von Anfang an zeigte der Vorserien-Urus gute Gene. Hunderttausende Testkilometer später bringt er jenen Feinschliff mit, den man von einem überragenden Sport-Allradler erwarten darf

Es staubt mächtig in den sanften Hügeln von Campagnano di Roma: Hier, am Rande der Rennstrecke Vallelunga (siehe S. 180ff.), stellt der italienische High-End-Hersteller Ende April 2018 den Urus ein halbes Jahr vor den ersten Kundenauslieferungen der Fachpresse vor. Und hat dafür extra einen Gelände-Parcours angelegt, was ebenso ungewöhnlich ist wie das zu testende Fahrzeug: Super-SUV, Offroad- oder Familien-Lambo – die dritte Baureihe hat viele Namen und Gesichter, denn sie ist die mit Abstand vielseitigste des Hauses.

Mit allen Wassern gewaschen Nordschleife und Nardó als Referenzen waren nicht genug für den Urus. Neben Asphalt musste er sein Können auf allen Untergründen dieser Welt beweisen, musste sich auf Schnee und Eis ebenso bewähren wie in Flussbetten, trockener Hitze, auf Meereshöhe oder im Gebirge. Über 140 Vorserienfahrzeuge wurden gebaut, welche knapp eine Million Testkilometer absolvierten – die härtesten, die es bei Lamborghini je gegeben hat. Sicherheit, Zuverlässigkeit, Funktionalität, dazu Elektronik oder Reifen: Alles musste passen vor der Serien-Zertifizierung.

Für die Fahrvorstellung abseits der Straße gibt es viel weichen Sand, der im Gelände als Königsdisziplin gilt. Die bereitgestellten Demofahrzeuge sind alle mit dem Offroad-Paket ausgestattet – es ist eine der wenigen Optionen,

Egal ob Schnee oder Sand: Der Urus findet immer einen Weg

bestehend aus zwei zusätzlichen Anima-Modi, geänderter Bugschürze (für einen geringeren Rampenwinkel), massivem Unterbodenschutz, knapp 25 Zentimeter Bodenfreiheit sowie Pirelli-Scorpion-Bereifung. Der Tamburo genannte Fahrmodus-Schalter in der Mittelkonsole (siehe S. 190) steht bereits auf »Sabbia« und wir merken einmal mehr: Urus spricht italienisch.

Die erste Runde geht aufs Haus, denn jeder Journalist ist zunächst Beifahrer. Hinter dem Steuer unseres Testwagens sitzt Mario Fasanetto, 1,70 Meter groß, durchtrainiert, immer gut gelaunt und heimlicher Lamborghini-Cheftestfahrer, denn offiziell gibt es diesen Titel nicht mehr. Er bittet darum, sich anzuschnallen, bevor er den Lambo rücksichtsvoll, ja fast zärtlich auf die Teststrecke bugsiert, um es dort erwartungsgemäß sportlich anzugehen. Denn kaum haben wir festen Boden verlassen, reißt uns der Urus nach vorne und jagt auf die erste Anhöhe zu.

Einschlägige Erfahrung Mit über drei Jahrzehnten in Sant´Agata ist Fasanetto inzwischen dienstältester Pilot des Hauses und damit selbst ein Marken-Urgestein. Im Mai 1985 kam er als Produktions-Lehrling der Motorenabteilung an Bord; damals wurden noch der Countach und Jalpa gefertigt, arbeiteten rund 300 Menschen im Werk. Der junge Mann aus Cento hatte klare Ziele und wechselte 1986 (etwa zeitgleich zum Marktstart des LM002) in die Kundendienstabteilung, um Testfahrer zu werden – Valentino Balboni war sein Mentor und Fasanetto lernte schnell. Bald zählte er zu den besten Piloten der Emilia, der sein Wissen später auch an Käufer weitergeben sollte: Als 1997 die Lamborghini Driving Academy gegründet wurde, war Fasanetto mit dabei – zunächst als Mechaniker, denn inzwischen arbeitete er in der Entwicklung. Für den Diablo Modelljahr 1999 beispielsweise stimmte Fasanetto die Motorelektronik ab und überprüfte das Ergebnis auf dem High-Speed-Oval von Nardò gleich selbst. Im Oktober 1998 folgte die Eifel-Taufe: »Mein erster Besuch auf der Nordschleife des Nürburgrings ist mir unvergesslich geblieben! Das war ein regnerischer Tag und ich fuhr den Diablo VT. Die erste Runde – mein Gott, war ich langsam! Man kann den Kurs an vielen Stellen garnicht einsehen, und es hat drei Tage gedauert, bis ich die Strecke halbwegs kannte: Damals gab es ja noch keine Playstation!« Es dauert freilich nicht lange, bis Fasanetto den VT in 8 Minuten 5 Sekunden durch die Eifel trieb; mit dem Murciélago SV brauchte er Jahre später nur 7:45 – wohlgemerkt an Industrie-Pool-Tagen, bei denen allerhand rollende Hindernisse unterwegs sind.

Jetzt also teilweise grüne Wiese statt grüne Hölle. Für Fasanetto-Erfahrene ist das eine eher ungewohnte Situation. Während der letzten zwei Dekaden hat er den Charakter vieler Lambo-Modelle mitgeprägt: Ob Diablo GT,

Full throttle: Fasanetto bei der Arbeit. Andere würden es Freizeit nennen...

GT-R und 6.0, Murciélago, alle Gallardo-Serien, Reventón, Aventador oder Huracán – an jedem hat der stets bescheiden auftretende Mann etwas verfeinert, was anschließend in die Serie einfloss. Vorrangig waren es Modifikationen von Antrieb und Fahrwerk, um die Fahrdynamik zu optimieren. Und als 2006 die Academy reaktiviert wurde, gehörte Fasanetto zum Instruktoren-Kader. Es galt, die vielen Neukunden behutsam an das verfügbare Leistungspotential heranzuführen. Lamborghini-Modelle zählen zu den stärksten und schnellsten Autos der Welt – das sind Eigenschaften, mit denen man umgehen können und sie respektieren muss. Diese »Track Experiences« kamen bestens an und finden inzwischen weltweit statt; seit 2007 gibt es auch eine Winter Academy.

Entsprechend gefüllt war (und ist) der Kalender des zweifachen Familienvaters, der trotzdem immer wieder mal die Zeit findet, an Klassik-Veranstaltungen teilzunehmen: »Ich schätze die Erfahrung, mit alten Lamborghinis unterwegs zu sein – das erweitert den automobilen Horizont und schärft den Blick.« Und weil man das gar nicht oft genug tun kann, steigt Fasanetto, der privat gerne schnelle Motorräder bewegt, seit 2009 gelegentlich in ein Cockpit des Markencups Super Trofeo.

Wir merken: Der Querbeschleunigungs-Index des Mario F. ist ein extremer. Und obwohl er reinen Hinterradantrieb spaßeshalber durchaus zu schätzen weiß, schlägt sein Herz für 4x4-Traktion. Sie ist es, welche die flachen Supersportwagen von Lamborghini im Grenzbereich oder bei hohen Tempi so souverän macht. Einen SUV zu entwickeln und abzustimmen ist dennoch etwas völlig anderes. Entsprechend radikal ging Lamborghinis erfahrenster Testfahrer die Sache an, bevor in das Projekt LB636 eingebunden wurde: »Ich ahnte ja, dass der Urus irgendwann kommen würde. Und habe darum schon 2014 ein erstes Offroad-Training gebucht, um zu verstehen, worauf zu achten ist. Mein Instruktor kam aus Österreich und hatte viel Rallye-Erfahrung. Als Erstes fiel mir auf, wie hart er unterwegs gewesen ist, speziell auf weichem Untergrund – mit viel Vollgas und schnellen, heftigen Lenkbefehlen. Beeindruckend.«

Die ersten Selbstversuche waren dagegen schwierig für Fasanetto, »weil ich es nicht gewohnt war, so hoch und in einem vergleichsweise schweren Auto zu sitzen – wo ist das Limit, wie reagiert die Masse? Wir hatten eine breite Auswahl von Fahrzeugen, von Hochleistungs-SUV bis Hardcore-Offroadern – ich will hier keine Namen nennen –, die wir in allen Zuständen und auf allen Oberflächen ausprobieren konnten. Aber die sind konzeptionell ganz anders als der Urus, unsere Stoßrichtung lag eher in der Mitte: außergewöhnlich auf Asphalt, außergewöhnlich im Gelände, aber nicht kompromisslos Offroad-orientiert wie manche Wettbewerber – die auf der Straße wiederum sehr kompromissbehaftet sind.«

L2 00284 BO

L2 00284

TORQUE VECTORING
UND ALLRADLENKUNG
MACHEN DEN URUS
SUBJEKTIV KLEINER, ALS
ER TATSÄCHLICH IST

Scharf gewürzte Rezeptur Straßen-Focus mit Gelände-Ambitionen also, klingt das nach dem üblichen SUV-Rezept? Ja, wenn man durchschnittliche 150 PS zu Grunde legt. Mit 500 Pferdestärken mehr sowie überlegener Technologie lassen sich dagegen ganz andere Dinge anstellen: Der Urus ist der erste SUV mit einer aktiven Fahrdynamikregulierung am hinteren Differential (Torque Vectoring), welche die Kraftverteilung situativ verteilt, ohne dass der Fahrer etwas dafür tun muss. Fasanetto erklärt es: »Damit wendest du nicht nur schneller und leichter – es macht den Urus subjektiv kleiner, als er tatsächlich ist. Du musst das gleich mal ausprobieren; der Unterschied ist wirklich beeindruckend!« Und noch eine Feststellung liegt ihm am Herzen: »Viele Premium-SUV machen optisch auf Offroad, kommen aber keinen mittelschweren Hügel hinauf, ich konnte es gar nicht glauben! Unser Auto schafft das ohne Probleme, dafür haben wir gesorgt.«

War der Urus dein bisher anspruchsvollstes Projekt, Mario? »Absolut! Aber auch hochinteressant! Ein SUV, das war etwas ganz Neues, das wir lernen mussten. Die größte Herausforderung war, Ruhe und Balance des Autos zu verfeinern. Das hat am längsten gedauert, denn wir mussten zunächst das richtige Gefühl dafür entwickeln, an alles denken, alles aufeinander abstimmen. Gleichzeitig versuchten wir immer, unsere Kunden zu verstehen – und das passende Setup zu liefern, das in allen Zuständen passt. Wir haben es ganz gut hingekriegt, was meinst du?«

Während er das sagt, fliegen wir mit Vollgas auf eine Kuppe zu, ohne zu sehen, was dahinter liegt. Schon hebt die Fuhre ab, scheint auch mein Magen kurz zu schweben – und setzt etwa fünf Meter später wieder auf. Mario grinst. Kann er sich noch an die erste Urus-Begegnung erinnern? »Ja, natürlich! Es war Ende 2015 bei Winter-Erprobungen mit noch als Audi Q7 getarnten Prototypen, aber unter dem Blech war schon alles Urus. Und es überraschte mich, was das Auto im Schnee leistete. Sein Gewicht war kaum zu spüren, ich konnte driften und korrigieren, wirklich beeindruckend! Huracán und Aventador sind natürlich Mittelmotor-Fahrzeuge, die sich im Grenzbereich ganz fein mit dem Gasfuß balancieren lassen. Der Urus verlangt da mehr Einsatz, doch ich musste laut lachen, weil das Auto bereits zu ahnen schien, wo ich hinwollte! Nicht zuletzt dank der Hinterradlenkung war es leicht zu beherrschen und so ist letztlich auch der Serien-Urus geworden. Wir sind alle sehr stolz auf ihn!«

Die Beine des Autos Besonders intensiv arbeiteten Fasanetto und seine Kollegen in der Schlussphase der Urus-Werdung, also 2017 und im Frühjahr 2018: »Die Reifenentwicklung hat viel Zeit in Anspruch genommen; sie passen jetzt perfekt zum Fahrzeug und kommen ausschließlich von Pirelli. Dort hat man sehr viel geleistet, um unser Feedback umzusetzen; ich habe volles Vertrauen in die Bereifung.«

Wo gehobelt wird, fallen Späne: Auf dem Weg zum Serienmodell gingen zwei Urus bei Testfahrten verloren; weitere sieben zerschellten an diversen Crashbarrieren. Wie viele weitere Exemplare der Entwicklung zum Opfer fielen und in welchen Abteilungen – Fasanetto weiß es nicht. Denn natürlich hat er nicht alleine gearbeitet: Neben ihm waren auch die Lambo-Fahrer Niccolò Piancastelli, Marco Passerini, Pierluigi Veronesi, Giacomo Barri sowie mehrere Externe wie Marco Mapelli oder Emanuele Zonzini an der Entwicklung und Abstimmung beteiligt. Doch es ist Mario gewesen, der die Mannschaft als Dienstältester mit der meisten Erfahrung unterwiesen hat. Wo ist er gewesen? »Fast überall: Südafrika, Nordschweden, Dubai.« Und was sagt er zum klassischen Automatikgetriebe? »Anfänglich war ich skeptisch und dachte, es sei sicher viel zu komfortorientiert. Aber ich habe meine Meinung revidiert – das kann richtig schnell und hart schalten! Natürlich haben wir Modifikationen vorgenommen; der Drehmomentwandler ist speziell kalibriert, es gibt aber auch mechanische Änderungen. Das alles klappt ganz wunderbar – ich möchte heute gar nicht mehr schalten müssen!«

Sorglos durch den Sandkasten Womit wir bei der Kraftverteilung des permanenten Allradantriebs angekommen wären: Beim Urus erfolgt sie markentypisch hecklastig, mit 60 Prozent auf den Hinter- und 40 Prozent auf den Vorderrädern. Selbstredend ist die Portionierung variabel; das Heck kriegt im Extrem bis zu 90 Prozent ab, die Front verträgt maximal 70 Prozent.

Zu den ganz besonderen Urus-Eigenarten gehört zudem je ein aktiver Stabilisator vorne und hinten, welche sich für Offroad-Einsätze entkoppeln lassen, um mehr Verschränkung zwischen Achsen und einzelnen Rädern zu ermöglichen. Das erhöht den Bodenkontakt und damit die Traktion. Dass es von Letzterer reichlich gibt, beweist diese kleine Landpartie: Trotz teils doch sehr widriger Streckenverhältnisse zieht das Fahrzeug tendenziell übersteuernd seine Bahn, verliert dennoch nie die Contenance und schon gar nicht das Gleichgewicht, sondern setzt Richtungs-, Gas- und Bremsbefehle wunderbar um. Hohes Drehmoment steht in »Sabbia« passenderweise besonders früh zur Verfügung, während die Lenkung vorteilhaft indirekter agiert.

Während wir so plaudern, hat Fasanetto bereits die Hälfte der Strecke abgefahren und visiert den Scheitelpunkt der Kurve auf dem dritten Hügel an. Einlenkend und mit pointierten Gasstoßen reißt er die Fuhre herum und wendet den Urus, wie ein Kampfstier in der Arena wenden würde, während er seine ganze Kraft in den Boden stemmte. Er (Fasanetto) tut das völlig locker aus dem Handgelenk, als hätte er nie etwas anderes gemacht. »Ist ja auch ganz leicht, siehst du?«

Dann wechseln wir uns ab; ich mache es mir bequem, fahre los – und erlebe gleich die erste Überraschung: Trotz Gelände-Setup mit sanfterer Leistungsentfaltung hat der Urus so viel Power, dass man wohl dosiert mit dem Gaspedal umgehen muss, wenn man nicht ungestüm nach vorne preschen will. Der Schub ist gewaltig und ermöglicht in Verbindung mit der angenehm direkten Lenkung ein Gelände-untypisch hohes Tempo. Gleichzeitig gibt sich das Fahrzeug stets gutmütig und gut beherrschbar, dazu kommen überragende Bremsen. Nach drei kurzweiligen Runden durch die Botanik kehren wir zur Basis zurück. Die letzten 100 Meter zu den wartenden Kollegen bittet mich der Lambo-Veteran, es behutsam anzugehen, »damit sich der Staub verziehen kann und wir die anderen nicht einnebeln.« Claro, Mario, und keine Frage: Du bist inzwischen auch ein vorbildlicher Offroad-Pilot!

Riccardo Bettini (47) zeichnet als Leiter Projektmanagement Entwicklung auch für den LB636 (Urus) verantwortlich

Was haben Sie gedacht, als man Sie zum Projektmanager ernannt hat?
Ich war überrascht – und sehr glücklich!

Sie sind ja schon lange bei Lamborghini...
Seit 1991. Damals begann ich als Elektroniker der Datenerfassung bei Luigi Marmiroli, der seinerzeit Entwicklungschef gewesen ist, und wurde seinem Assistenten Massimo Ceccarani zugeteilt. Meine erste Aufgabe bestand darin, am Allradantrieb für den Diablo VT mitzuarbeiten.

Dann sind Sie ja bestens vertraut mit den verschiedenen Vierradantrieben, die es bei Lamborghini seither gegeben hat.
Kann man so sagen. Begonnen hat es damals mit einer Visco-Kupplung, dank der ein Teil der Antriebskraft bedarfsweise zu den Vorderrädern geleitet wurde.

Hatten Sie auch mit dem LM003-Projekt zu tun, das der damalige Lamborghini-Eigner Megatech in der Mitte der 1990er-Jahre zusammen mit Zagato realisieren wollte?
Nein, ich war nicht involviert.

Wenden wir uns Ihrem jüngsten Projekt zu – was ist für Sie die wichtigste Errungenschaft beim Urus?
Die Möglichkeit, das Auto im Alltag einzusetzen – es ist so praktisch. Gleichzeitig genügt ein Knopfdruck, um es in einen Supersportwagen zu verwandeln. Die Fahrleistungen sind besser als beim ersten Gallardo, der ja heute noch sehr schnell ist. Übertragen Sie das nun auf ein vergleichsweise großes Fahrzeug: Wer es einmal erlebt hat, vergisst es nicht!

Der Urus lässt sich einstellen von zart bis hart; es gibt sieben verschiedene Fahrprogramme. Was ist Ihr Lieblings-Set-Up?
Der Sport-Modus. Er ist ein guter Kompromiss zwischen Komfort und Straffheit – Lenkung, Fahrwerk, Ansprechverhalten, das alles fühlt sich sehr gut an und bietet hohe Reserven. Corsa ist bretthart, eher ein Fall für extreme Manöver, mit sehr direkten Rückmeldungen an den Piloten. Hinterradlenkung und Torque Vectoring helfen natürlich in jedem Fahrprogramm, da ist der Urus einsame Spitze.

Ihr nächster Firmenwagen ist demnach ein Urus...
(lächelt) Wir werden sehen. Die Kundennachfrage ist überwältigend hoch.

L2 00271

Pizza XXL: Die vordere Karbon-Keramik-Bremsscheibe in Originalgröße

Lamborghini
CARBOCERAMICI
Made in
Germany

House of Urus

High-End-Fertigung in Sant´Agata

Ein Text von Dermo S. Kane

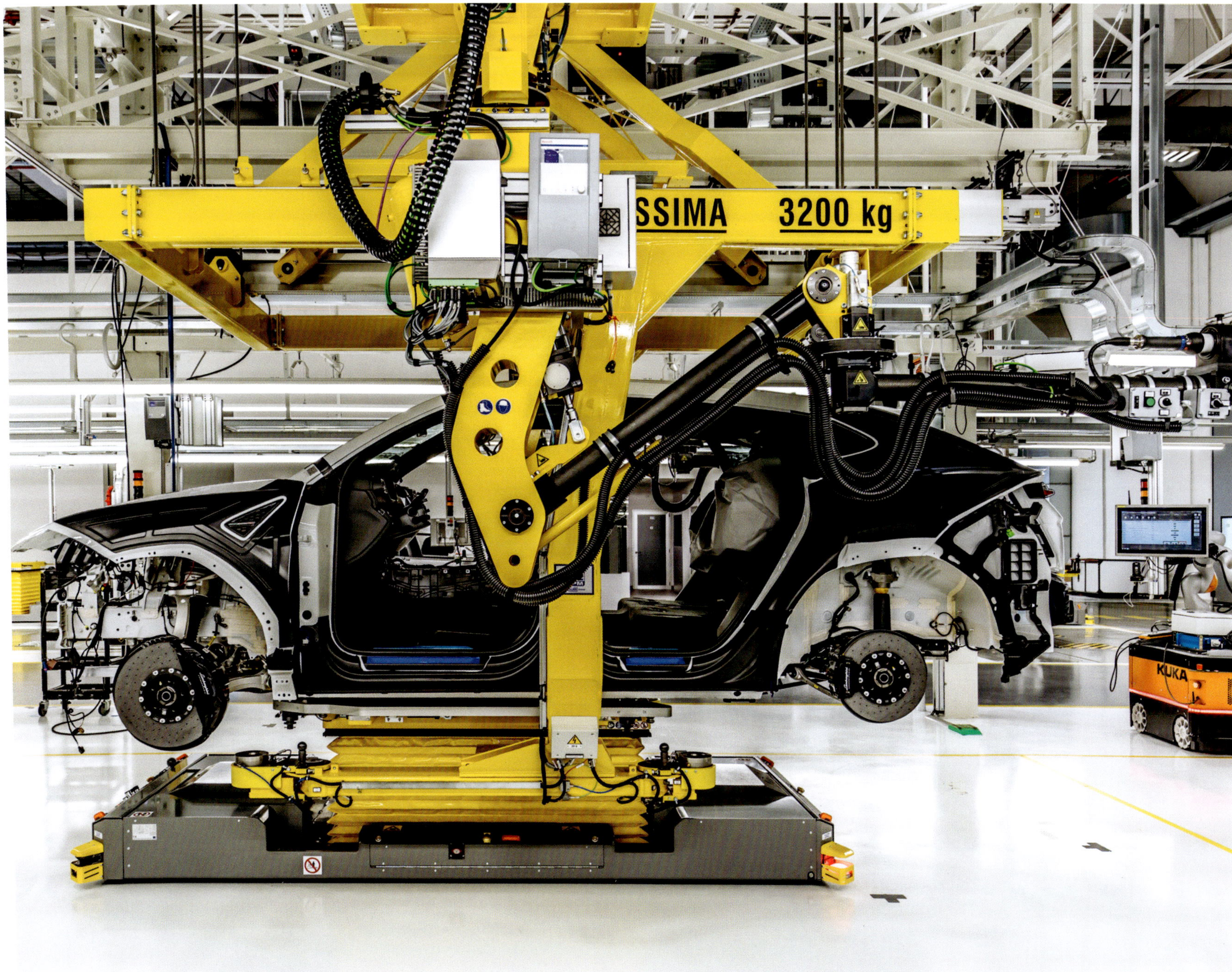
SSIMA 3200 kg
KUKA

Klinisch rein: In der Urus-Montage kann man vom Boden essen

Wer dem Chairman und CEO von Automobili Lamborghini während einem seiner zahlreichen Termine begegnet, muss den Eindruck gewinnen, das Leben des Stefano Domenicali sei immer eitel Sonnenschein. Stets aufgeräumt und gut gelaunt zeigt sich der ehemalige Scuderia-Ferrari-Teamchef (2008 bis 2014, dann für eineinhalb Jahre Vorsitzender der FIA Monoposto-Kommission), dass man sich unwillkürlich fragt: Was macht dem Stefano Freude, jenseits von Urus, Aventador und Huracán? Ganz sicher die Ende 2017 eröffneten, nagelneuen Werkanlagen zu Sant´Agata!

Dass man hier, keine 100 Meter hinter den historischen Hallen von 1963, nicht nur zweckmäßig, sondern mit Stolz geplant und gebaut hat, beweist die Beteiligung des mehrfach preisgekrönten Architekturbüros Prospazio aus Sassuolo bei Modena, welches 2016 bereits Lamborghinis Ad Personam-Studio realisiert hatte (siehe S. 134ff.). Dazu war Tempo gefragt: Nach Abschluss der Planungsphase wurde das Mammutprojekt ab März 2016 in nur 18 Monaten aus dem Boden gestampft, wuchs die Grundfläche des Lamborghini-Areals auf die Dimension von über 20 Fussballfeldern – und wirkt seither so groß wie die Ortschaft Sant´Agata selbst. Für das Anlagen-Layout, die termingerechte Ausführung und Inbetriebnahme zeichnete die Schweizer Dependance des deutschen Bauleitungsunternehmens Drees & Sommer verantwortlich, was auch in der Akkuratesse vieler Details zum Ausdruck kommt. *Lean and clean* ist die äußere Erscheinung, Werksstraßen tragen berühmte Namen der Markengeschichte, und an der Schwelle zum neu erschlossenen Areal steht ein weithin sichtbares Bürogebäude namens Torre 1963: Der 29 Meter hohe Turm wurde mit der LEED Platin-Zertifizierung ausgezeichnet (Leadership in Energy and Environmental Design), dem weltweit höchsten Standard für die Energie- und Umweltzertifizierung im Bausektor.

Dank dieser Maßnahmen – die Gesamtinvestitionen in das Urus-Projekt betragen über eine Milliarde Euro – verfügt Lamborghini aktuell über eine der modernsten Automobil-Produktionsstätten der Welt. Allein die Zahlen sind beeindruckend: 80.000 zusätzliche Quadratmeter, ausgestattet mit modernster Fertigungstechnik, schaffen optimale Voraussetzungen, um den Absatzrekorden vergangener Jahre weitere hinzuzufügen. In des Lamborghini-Chefs eigenen Worten hört sich das so an: »Das siebte Absatzwachstum in Folge bestätigt die Nachhaltigkeit unserer Produkt- und Vertriebsstrategie.« Und er ergänzt: »Die Weltpremiere unseres Super-SUV Urus ist zweifellos das Highlight des Jahres.« Dass er dieses Auto zudem als neuen Maßstab unter den Luxus-SUV empfindet – daran lässt Domenicali keinen Zweifel. Und wenn ihn jemand danach fragen würde, was ihn zu dieser Einschätzung ermuntern könnte, bekäme er über kurz oder lang sicher die Info mit auf den Weg, dass für den Urus noch vor der Auslieferung des ersten Exemplars bereits mehr als 3000 Bestellungen eingegangen seien. Punkt.

Wer realisiert, dass bislang – mit bestehenden Fertigungsanlagen – gerade mal um die 3500 Fahrzeuge pro Jahr gebaut wurden, versteht, welche Bedeutung das Werk an sich, mit neuen Dimensionen und multiplizierter Kapazität, für die Automobili Lamborghini S.p.A. einnimmt. Am Ende steht ein um Faktor 2 gesteigerter Output von insgesamt 7000 Fahrzeugen pro Jahr. Und das ist eine eher konservative Einschätzung.

Doch was verbirgt sich hinter dem Allgemeinplatz »neue Werksanlagen«? Bei einer Führung passiert man eine Montagelinie für den Urus sowie Endabnahmestationen, die alle Lambo-Modelle durchlaufen. Dazu kommen eine Lackiererei, das bereits erwähnte Bürogebäude, eine ganz speziell für den SUV entwickelte Teststrecke mit dreizehn

Think big: Das werkeigene Logistik-Lager fasst beeindruckende 327.000 Kubikmeter

Lamborghini
PRODUZIONE
PROPERTY OF AL
TARA 41.1KG
2014

verschiedenen Straßenbelägen, das bereits 2013 fertig gestellte, erdbebensichere und beeindruckende 327.000 Kubikmeter fassende Logistik-Lager, eine KWKK-Anlage (Kraft-Wärme-Kälte-Kopplung) sowie der Energy Hub als zentrales Produktionszentrum für sämtliche Energieträger.

Ranieri Niccoli, seit 2008 bei Lamborghini und inzwischen Chief Manufacturing Officer, kommentiert: »Mit unserer dritten Baureihe wollen wir die innovativsten Produktionstechnologien einführen, die mit dem Konzept der Smart Factory verbunden sind. Mit der Fertigung des Urus entsteht so ein neues Fabrikmodell, das wir als Manifattura Lamborghini bezeichnen und das neue Maßstäbe bei der Herstellung von Luxusautomobilen setzt. Die wesentlichen Vorteile liegen in einer höheren Flexibilität der Produktion und in der Vernetzung der Systeme, was sich leistungssteigernd auf jene handwerkliche Qualität auswirkt, die uns immer schon auszeichnet.«

Das Kind hat also einen neuen Namen. Manifattura Lamborghini ist eine Future World, die nach den Gesetzen von Industrie 4.0 funktionieren soll. Doch was verbirgt sich dahinter, worauf stößt man, wenn man durch das fast klinische Ambiente mit seinen gleißenden LED-Strahlern schlendert – auf lackierten Böden, von denen man essen könnte? Ein Mitarbeiter, den wir nach dem neuen Produktionsstandard fragen, erklärt ihn so: »Es sind im Wesentlichen vier Grundprinzipien, nach denen bei Lamborghini jetzt gefertigt wird: Nach wie vor viel Handarbeit; dann Digitalisierung, wo immer sie sinnvoll ist; das Transportsystem AGV sowie Robotereinsatz an Stellen, die der Ergonomie und der Sicherheit dienen.« Das Transportsystem AGV (Automotic Guided Vehicle) bewegt, was im Fertigungsprozess an verschiedenen Stationen gebraucht wird – vom Einzelteil bis zum ganzen Fahrzeug: Es schafft so ein Höchstmaß an Flexibilität bei vorgegebenem Gebäudelayout. Und die Roboter? Was können sie besser als Mann oder Frau in Sant´Agata? Merke: Sie machen immer das Gleiche, und sie machen es immer in der gleich hohen Qualität. Kein guter, kein schlechter Tag – eben anders als der Mensch. Wo es das braucht? Zum Beispiel beim Verkleben der Fensterscheiben, beim Anschrauben der Unterböden oder der Montage der Räder.

Trotz hohem Grad an Automatisierung hat die italienische Volkswagen-Tochter massiv in ihre Mannschaft investiert – und seit 2014 bereits 500 neue Mitarbeiter eingestellt (insgesamt sind es jetzt 1500). Die Neuen montieren nicht nur den Urus, sondern sind auch in anderen Bereichen, zum Beispiel der Lackiererei sowie einer erweiterten Forschungs- und Entwicklungsabteilung tätig. Und weil so viele gute Leute auch gut essen wollen, gibt es am hinteren Ende des insgesamt 160.000 Quadratmeter fassenden Lamborghini-Geländes eine zweite Kantine, von deren Speiseplan und Güte so manche Trattoria nur träumen kann.

Alle genannten Überlegungen, Einlagen und Neubauten fokussieren sich darauf, jene Begehrlichkeiten zu bedienen, die man 30 Kilometer nordwestlich von Bologna so gut auszulösen versteht. Was die Endmontage auf vier Rädern verlässt, wird an mittlerweile 145 Händler in 50 Ländern auf der ganzen Welt verschickt. 2016 waren das 3457 Fahrzeuge und in 2017 schon 3815 – eine Steigerung von über zehn Prozent. Dynamik ist das A und O bei Lamborghini. Nicht nur, weil dort selbst der SUV auf mehr als 300 km/h beschleunigt, sondern vor allem, weil die Marke – einmal auf der Erfolgsspur – immer mehr an Fahrt aufnimmt: Seit 2010 geht es nur noch bergauf, und nun winkt – in einem Zeitraum von gerade mal sechs Monaten – eine Absatzverdoppelung! Wer sich das vor Augen führt, versteht besser denn je, was dem Boss, Stefano Domenicali, täglich aufs Neue ein Lächeln ins Gesicht zaubert.

CR-35iA
LB636 ROOFLINER

INDUSTRIE 4.0 IST IN SANT´AGATA JETZT REALITÄT. OHNE HANDARBEIT GEHT ES GLEICHWOHL NICHT: LAMBORGHINI HAT HEUTE MEHR ANGESTELLTE DENN JE

REAR FENDER

PRODUZIONE
CPM

Nicht alles, was neu gebaut wurde, dient dem Urus allein. Die Endabnahmestation passieren alle Lamborghini-Modelle

Ende gut, alles gut: die hauseigene Rüttelstrecke hinter dem Werk.
Merke: Der Super-SUV darf hier schneller fahren als seine tiefer liegenden Geschwister

Neue Territorien

SUV und Rennstrecke, verträgt sich das? Der Urus bricht mit gewohnten Erfahrungen – und nicht nur dort

URUS

automobili
Lamborghini
#SINCE

automobili
Lamborghini
15

Es ist heiß wie so oft im sommerlichen Italien, und die Hitze flimmert über dem Asphalt des Autodromo Vallelunga Piero Taruffi. Hier, rund 30 Kilometer nördlich von Rom, gibt es kaum Schatten auf einer Piste, die sich durch flache Hügel schlängelt. Der Rundkurs entstand 1951, er war Austragungsort vieler namhafter Rennsportveranstaltungen und wurde 1967 erstmals erweitert. 2004 erhielt die Strecke ihre heutige Gestalt, wurde um einen auf 4,1 Kilometer verlängert und ist seither Formel 1-Test-tauglich; auch die Superbike-WM gastierte schon hier.

Zwischen Vallelunga und Lamborghini besteht eine langjährige Verbindung. Zum einen sind beide schön und anspruchsvoll. Dazu war der Namenspatron der Strecke ein guter Freund des Markengründers. Außerdem fand 2003 auch die Fahrvorstellung des Gallardo auf dieser Rennstrecke statt, die gelegentlich für Lamborghini-Fahrertrainings genutzt wird. Den Urus hier erstmals dynamisch erlebbar zu machen, birgt also eine gewisse Konsequenz, zumal klar war, dass man dies in der Heimat tun wollte. Und natürlich benötigt ein Super-SUV zur Demonstration seiner Fähigkeiten den gebührenden Auslauf.

Supersport ist ein Schlüsselwort bei Automobili Lamborghini, das ab sofort nicht mehr nur für zwei Personen pro Auto gilt, wie der Hersteller betont. Jetzt können je nach Sitz-Arrangement vier (Option) bis fünf Personen auf einmal supersportlern, jeden Tag und zu jeder Gelegenheit. Einen extrem konzipierten Allrounder habe man geschaffen, sagt Pressesprecher Gerald Kahlke, und das ist kaum übertrieben.

Seinen unbedingten Willen zur Höchstleistung signalisiert der Urus bereits im Stand. Er ist ein muskulöser Athlet mit ansatzweise aggressivem Auftritt, geformt aus Alu, Magnesium und Stahl.

Kraft der Fuge: Der Urus kann seine Herkunft nicht verleugnen und wirkt auch in einer Boxengasse keinesfalls deplatziert

Letzteres verstärkt wichtige Knotenpunkte, der überwiegende Teil des Urus-Korpus besteht jedoch aus Leichtmetall. Man möchte ihn anfassen, um den optischen Eindruck zu bestätigen: Die Verarbeitung ist präzise, das ganze Fahrzeug sehr solide gemacht – und das, obwohl es sich noch um Vorserien-Exemplare handelt, die gewöhnlich eine gewisse Toleranz in der Beurteilung erfordern.

Der positive Eindruck setzt sich innen fort. Es duftet nach Leder, welches fein abgesteppt ist, daneben buhlt Karbon um Aufmerksamkeit. Die Platzverhältnisse sind großzügig bemessen, und während das vorne in einem SUV erwartet werden darf, müssen größere Personen vor dem Entern der zweiten Reihe den Kopf einziehen. Die Beinfreiheit im Fond ist dagegen eine echte Überraschung – ganz besonders natürlich in einem Lamborghini. Das gilt auch für den mit knapp 1600 Liter größten Kofferraum des Hauses (wohlgemerkt nur beim Fünfsitzer; die beiden optionalen Einzelsitze im Fond sind nicht umklappbar. Das Gepäckabteil des seligen Espada war zwar ähnlich tief, aber deutlich flacher) und der LM002 wies bekanntlich nur eine offene Ladepritsche auf. Im Urus ist die Heckklappe selbstredend elektrisch bedienbar.

Auch in punkto Ergonomie gibt sich der »Sportroader« kaum eine Blöße: Dank vielfach verstellbarer Vordersitze (gegen Aufpreis gibt es 18-Wege-Elektrik, Belüftung und Massage) findet jede Statur eine optimale Position. Der Fahrer hat alles unter Kontrolle, findet sämtliche Bedienelemente griffgünstig platziert und kann sich zudem über eine gute Rundumsicht freuen. Allein die Heckscheibe

L2 00325

URUS

#SINCEWEMADEITPOSSIBLE

ähnelt eher einem Sehschlitz, aber es gibt ja die Rückfahrkamera und optional auch Bird View. Der Blick ist ohnehin nach vorne gerichtet und das kantige Cockpit üppig bestückt: Dort finden sich voll animierte Digitalinstrumente (ein Head-up-Display kostet extra); die Mittelkonsole beherbergt zwei berührungsempfindliche Monitore. Infotainment und Connectivity sind Trumpf; es gibt eine Sprachsteuerung und Smartphones verbinden sich ebenso selbstverständlich mit dem Internet-fähigen Urus wie Tablets. 1700 Watt, DAB oder TV? Auf Wunsch alles an Bord!

Etwas weiter unten zwischen den Vordersitzen befindet sich das eigentliche Lustzentrum des Urus – der Tamburo (Trommel) genannte Vorwahlschalter, mit dem sich das Fahrzeug mit Stufen von zart bis hart konfigurieren lässt. Unter dieser Anima, der Seele des Urus, sind vier und optional sechs Programme abrufbar – Strada (Straße), Sport, Corsa (Rennstrecke), Sabbia (Sand, gegen Aufpreis), Terra (Erde, also Offroad, ebenfalls Aufpreis) und Neve (Schnee). Je nach Vorwahl verändern sich nun Gasannahme, Schaltpunkte und Fahrwerkeinstellungen, wie man das bereits aus anderen Luxus-SUV kennt. Doch nur im Urus findet sich darüber hinaus ein Ego-Knopf, mit dem sich Parameter wie Lenkung, Dämpfung und natürlich auch die Motorcharakteristik individuell verstellen lassen. Das klingt etwas komplex, funktioniert aber ganz intuitiv und macht auch richtig Spaß!

Sabbia, den Sand-Modus, durften wir bereits ausprobieren (siehe Seite 150ff.). Jetzt darf es etwas schneller sein. Wir starten den Boliden (schlüssellos, versteht sich), und er klingt bemerkenswert zahm, grollt nur, wenn man es provoziert. Anrollen in der Pit Lane, die Ampel ist grün, Corsa-Modus bedeutet minimale Bodenfreiheit von unter 16 Zentimeter, das rechte Pedal wird durchgedrückt und – *Mamma mia*, wie krass ist das denn! Wir haben es zwar gewusst, ja, doch nackte Zahlen können schwer beschreiben, wie sich 650 Turbo-PS unter solchen Umständen tatsächlich anfühlen. Der Druck setzt unmittelbar ein, der Urus stürmt los wie eine Herde Büffel. Die hydraulische Kupplung macht ihre Sache hervorragend, und es gibt praktisch keine Zugkraftunterbrechung; Gangwechsel werden nur per Drehzahlwechsel wahrgenommen. Schalten und walten – das geht entweder vollautomatisch, was gar nicht schlecht funktioniert, oder eben manuell mittels Lenkrad-Paddeln. Dann wird nach Herzenslust gezupft, was vor allem auf fordernden Abschnitten wie den Kehren Vallelungas so viel Freude bereitet.

Die Erinnerung an Lambos erstes automatisiertes Getriebe eGear anno 2003 mutet dagegen prähistorisch an, während die erste große lang gezogene Kurve auf uns zufliegt. Wir nehmen sie mit weit über 200 Sachen und ohne Wimpernzucken: Der Urus liegt wie das sprichwörtliche Brett, was nicht zuletzt mit seiner Balance (55/45 Prozent vorne/hinten) zu tun hat. Einige anspruchsvolle Kehren und ein paar provozierte Drifts später folgt mit Semaforo und Tornantino eine angebremste Rechts-Links-Schikane; das Auto krallt sich mit allen seinen permanent angetriebenen Vieren in den heißen Belag, die Querbeschleunigung bleibt hoch und die Traktion überragend, obwohl man merkt, wie die Fliehkräfte am Urus zerren. Sein Bewegungsprofil lässt sich kurz mit drei Adjektiven beschreiben: leichtfüßig, wendig, sauschnell! Alles zusammen mündet in einer herausragenden Eigenschaft – Souveränität. Selten haben wir sie bei einem Auto dieses Formats entdeckt, schon gar nicht bei einem Serienmodell – dem ersten Lambo, den es gegen Aufpreis mit Anhängerkupplung gibt.

In der Boxengasse unterhalten sich Lambo-Boss Domenicali und Entwicklungschef Reggiani angeregt mit Journalisten über die auf dem anspruchsvollen Kurs von Vallelunga gewonnenen Fahreindrücke

18
L2 55357

Um solche Erlebnisse mit mindestens 2,2 Tonnen Leergewicht möglich zu machen, hat Lamborghini tief in die Trickkiste gegriffen. Zu den technischen Schmankerln gehört ein speziell kalibriertes, Active Torque Vectoring tituliertes System an der Hinterachse, welches man auch Sport-Differential nennen könnte, weil es die Antriebskräfte situativ verteilt. Dazu gesellt sich eine elektromechanische Wank-Stabilisierung, in der Gestalt von Querverstrebungen zwischen Vorder- und Hinterrädern, die sich mittels Stellmotoren verhärten lassen und neben der Seitenneigung auch Rollbewegungen reduzieren; im Offroad-Modus können die Stabis im Sinne bestmöglicher Verschränkung dagegen entkoppelt werden. In Kombination mit der adaptiven Luftfederung sorgt das System für eine verbesserte Straßenlage und Spurtreue, was sich letztlich auch in höheren Tempi ausdrückt.

Wesentlichen Anteil daran hat auch eine serienmäßige, stets aktiv wirkende Allradlenkung, welche die Hinterräder um bis zu drei Grad anstellt: Bei niedrigen Geschwindigkeiten unter 20 km/h, zum Beispiel im Stadtverkehr, drehen sie gegenläufig zu den Vorderrädern, was das

Auch in freier Wildbahn hebt sich das Urus-Styling wohltuend vom üblichen SUV-Salat ab

Einparken erleichtert und den über drei Meter messenden Urus-Radstand für den Fahrer subjektiv verkürzt – Lamborghini spricht von virtuellen 60 Zentimetern. Anders funktioniert es bei Geschwindigkeiten oberhalb von 100 Stundenkilometer: Jetzt lenken Vorder- und Hinterräder synchron, was den Radstand scheinbar um 60 cm verlängert und gleichzeitig für mehr Spurstabilität sorgt. Als quasi dritter Modus kommt auf der Straße und im Schnee der maximale Einschlagwinkel zum Zug, im Sport- und Offroad-Programm dagegen der kleinste. Die derart verbesserte Handlichkeit des über fünf Meter langen Urus ist beachtlich. Im Zuge der Entwicklung erwog Lamborghini auch einen größeren Einschlagwinkel, sah letztlich aber keinen Vorteil darin.

Für stets optimalen Grip sorgen eigens entwickelte Pirelli-Reifen im 21- bis 23-Zoll-Format. Doch atemberaubender ist fast, wie die Karbon-Keramik-Bremsen den Vorwärtsdrang zu neutralisieren verstehen: Wer voll in die Eisen steigt, hängt wie ein Fallschirmspringer in den Gurten, dazu kommt: Auf dem schnellen Rundkurs ist auch nach mehreren scharfen Stints keine Materialermüdung feststellbar. Stets verzögert der Urus mit Bravour – um erneut vehement zu beschleunigen. Bemerkenswert auch, mit welcher inneren Ruhe das alles vonstatten geht – die Geräuschisolierung ist ganz hervorragend.

Bleibt nur noch die eine, vielleicht schwierigste Übung – Urus fahren im öffentlichen Straßenverkehr. Wir steuern dazu Richtung Campagnano di Roma und den Lago di Bracciano, Stop-and-go geht ganz lässig, als es zu einer typisch italienischen Situation kommt: Die Gasse wird enger und der Gegenverkehr dichter, voraus knattert eine Ape50

L2 55356 BO

ALLES IM GRIFF: IN DER MITTELKONSOLE SITZT DER TAMBURO-SCHALTER, ÜBER DEN SICH VIER BIS SECHS FAHRMODI ABRUFEN LASSEN

WESENTLICHEN ANTEIL AN DER AGILITÄT DES URUS HAT SEINE SERIENMÄSSIGE ALLRADLENKUNG

erbarmungslos langsam den Hang hinauf, als auch schon die Kurven kommen und nur wenige kurze einsehbare Geraden. Chancenlos, eigentlich, doch dann eröffnet sich eine Lichtung und mit ihr die Möglichkeit, sicher zu passieren, was sogleich eingeleitet wird und *Peng!* sind wir vorbei, hätten locker fünf solche Piaggios wegschnupfen können! Überholen wie im reinrassigen Sportwagen – auch in diesem Sinne ist der Urus ein echter Lambo. Gleichzeitig verwöhnt er mit einem adaptiven Federungs- und bandscheibenfreundlichen Abrollkomfort, den man ihm kaum zugetraut hätte.

Voller Eindrücke kehren wir ins Fahrerlager von Vallelunga zurück – und damit auch an den Anfang dieses Buches: Ferruccio, mit seiner ausgeprägten Vorliebe für geräumige Interieurs und üppige Drehmomentkurven, wäre Urus-Fan. Er würde zufrieden lächelnd aus dem nachknisternden Auto steigen, den Basispreis erhöhen und eines der ersten Serienexemplare für sich selbst abzweigen. Wie jeder Lamborghini ist auch der Urus ein Angebot der Extreme – schneller als viele Nicht-SUV und besser im Gelände als viele Pseudo-Offroader mit Premium-Etikett. Wir verbeugen uns an dieser Stelle vor dem Markengründer, ohne den es viele bemerkenswerte Momente und Autos nie gegeben hätte, auch diesen Super-SUV nicht. Und wir erinnern uns mit einer gewissen Wehmut an jene Zeit flacher Hierarchien, in denen Deals noch mit Instinkt und Handschlag besiegelt wurden, statt sie in diversen Gremien und endlosen Sitzungen zu zerreden. Dem Urus mit seiner Zielstrebigkeit und seinen prägnanten Kanten trauen wir zu, dass er jene verloren geglaubte Geisteshaltung repräsentiert – gradlinig, zuverlässig, treu. Denn er ist endlich mal wieder ein Auto mit Charakter. Und von denen gibt es heute leider viel zu wenig.

LAMBORGHINI

Lamborghini
LED

Hubraum in cm^3	3996
Bohrung x Hub in mm	86 x 86
Verdichtung	9,7:1
Leistung in PS (kW) @ U/min	650 (478) @ 6000
Literleistung in PS (kW)	162,7 (119,6)
Max. Drehmoment in Nm @ U/min	850 @ 2250–4500
Maximale Drehzahl in U/min	6800
Kraftübertragung	A8
Abmessungen (L/B/H) in cm	511/201,5/164
Radstand in cm	300,3
Spur vorne/hinten in cm	169,5/171
Reifen und Räder vorne	285/45 R21 bis 285/35 R23 auf 9,5 bzw. 10J
hinten	315/40 R21 bis 325/30 R23 auf 10,5 bzw. 11,5J

Konzept Modellcode LB636. Hochleistungs-SUV mit Leichtbau-Chassis aus Aluminium-Composite und Front-Mittelmotor. Fünf Türen/vier Sitze, maximal acht Airbags. Mehrlenker-Achse vorne und hinten, adaptive Luftfederung, Bremsanlage mit Carbon-Keramik-Scheiben rundum (370/440 mm v./h.), Zahnstangenlenkung mit variabler Servo-Unterstützung sowie mitlenkender Hinterachse. Permanenter Allradantrieb mit drei Differentialen (mittig Torsen, hinten mit Active Torque Vectoring)

Motor Werkscode EA 825. Vorne längs verbauter 90°-V8-Benziner, 4 Ventile/Zyl., Alu-Zylinderkopf und Cast-Alu-Block, Trockensumpfschmierung, 2x2 obenliegende Nockenwellen (Kette/VVT), Benzin-Direkteinspritzung, zwei Twin-Scroll-Turbolader in V zwischen den Zylinderbänken, indirekte Ladeluftkühlung, adaptive Zylinderabschaltung, Start-Stop-System

Wendekreis in m	11,8
Bodenfreiheit vorne/hinten in cm	16–25
Max. Böschungs- und Rampenwinkel vorne/Mitte/hinten in Grad	28/22/28
Tankinhalt in L	85 (U.S.: 75)
Kofferraumvolumen in L	615–1595
Anhängelast gebremst (ohne) in kg	3500 (750)
Leergewicht (ohne Fahrer) in kg	2195
Zulässiges Gesamtgewicht in kg (Europa)	2875
Leistungsgewicht in kg/PS	3,38
0–100 km/h in Sek.	3,6
0–200 km/h in Sek	12,8
Höchstgeschwindigkeit in km/h	305
Bremsweg 100–0 km/h in m	33,7
Durchschnittsverbrauch in L/100 km	12,3
CO_2-Emission in g/km	279
Energieeffizienzkategorie	G
Preis ab EUR	171 429.– netto

L2 55358

Lamborghini
I L2 55358 BO

Lamborghini